有機化学がわかる

最初のコツさえ覚えればこんなにわかってくる
やさしくてためになる有機化学

齋藤勝裕 著

技術評論社

はじめに

　皆さん、化学はお好きでしょうか。高校の化学は面白かったでしょうか。楽しかったでしょうか。

　楽しかったら良いのですが、もしかして楽しくなかったとしたら残念なことです。なぜなら、化学は本来楽しい勉強のはずなのです。それが楽しくなかったとしたら……。それは受験、という目的のための勉強だったためかもしれません。

　本書には試験はありません。楽しく、面白く読み進めばよいのです。興味のないページは読み飛ばしてください。あとで読みたくなったときにまた戻ってくればよいだけです。

　本書は「有機化学」を紹介するものです。有機化学は、化学の中でもとくに身の回りに結びついた領域です。食物、薬、衣服、プラスチック、お酒、香水、ガス、石油、さらには私たち生物自身まで、みんなみんな有機化合物です。

　石油って何でしょう。お酒って何でしょう。プラスチックって何でしょう。そのような疑問の答えが本書には書いてあります。読み進めば読み進むほど、疑問が解け、そして次の疑問がわいてきます。ワクワクしながら読み進むうちに、知らず知らずのうちに化学のたくさんの知識と理論体系が身についている、本書はそのように作られています。

　本書を読むのに予備知識は何もいりません。必要なことはすべて本書に書いてあります。軽い気持ちで飛び込んでください。

　さあ、有機化学の世界で遊んでみましょう。

2009年4月　齋藤　勝裕

ファーストブック 有機化学がわかる Contents

第1章 有機化学って何だろう？
- 1-1 化学って何だろう？ ……………………………………… 10
- 1-2 有機化学って何だろう？ …………………………………… 14
- 1-3 有機化合物って何だろう？ ………………………………… 18
- 1-4 有機化合物は何の役に立つの？ …………………………… 22
- (Column) ペットボトルの中の水分子の数は？ ………………… 26

第2章 炭素原子と原子構造
- 2-1 原子って何だろう？ ………………………………………… 28
- 2-2 原子ってどんな性質？ ……………………………………… 32
- 2-3 周期表って役に立つの？ …………………………………… 35
- 2-4 炭素ってどんな原子？ ……………………………………… 39

第3章 化学結合と分子
- 3-1 化学結合って何のこと？ …………………………………… 44
- 3-2 炭素の結合ってどんなもの？ ……………………………… 48
- 3-3 飽和・不飽和結合って何のこと？ ………………………… 52
- 3-4 ほかにはどんな結合があるの？ …………………………… 56
- (Column) σ結合とπ結合(1) ………………………………… 60

第4章 有機化合物の構造式

- 4-1 分子って何だろう？ ………………………… 62
- 4-2 分子構造って何だろう？ ……………………… 66
- 4-3 イオンやラジカルって何だろう？ …………… 70
- 4-4 異性体って何のこと？ ………………………… 74
- (Column) σ結合とπ結合(2) ……………………… 78

第5章 有機化合物の命名法

- 5-1 分子の名前が数字で決まる？ ………………… 80
- 5-2 炭化水素の名前はどうなるの？ ……………… 82
- 5-3 アルケン・アルキンの名前は？ ……………… 86
- 5-4 複雑な化合物の名前は？ ……………………… 90

第6章 有機化合物の性質

- 6-1 炭化水素ってどんな性質？ …………………… 94
- 6-2 芳香族ってどんな性質？ ……………………… 98
- 6-3 置換基って何のこと？ ………………………… 102
- 6-4 官能基がつくとどうなるの？ ………………… 106

第7章 有機化合物の反応
- 7-1 反応って何のこと？ …………………… 112
- 7-2 酸化・還元ってどんな反応？ ………… 118
- 7-3 置換反応ってどんな反応？ …………… 121
- 7-4 脱離反応ってどんな反応？ …………… 124
- 7-5 付加反応ってどんな反応？ …………… 128

第8章 官能基の反応
- 8-1 アルコールってどんな反応をするの？ …… 132
- 8-2 カルボン酸ってどんな反応をするの？ …… 138
- 8-3 アルデヒド・ケトンってどんな反応をするの？ … 145
- 8-4 アミンってどんな反応をするの？ ………… 151

第9章 芳香族の反応
- 9-1 芳香族置換反応ってどんな反応？ ……… 154
- 9-2 置換基って変化するの？ ………………… 157

第10章 高分子化合物

- 10-1 高分子って何だろう？ ……………………… 162
- 10-2 合成樹脂と合成繊維って何が違うの？ …… 166
- 10-3 ペット・ナイロンって何だろう？ ………… 170
- 10-4 熱硬化性樹脂って何だろう？ ……………… 174

第11章 生体の化学

- 11-1 生体を作るものは何なの？ ………………… 178
- 11-2 ビタミンやホルモンって何なの？ ………… 184
- 11-3 DNAって核酸のこと？ …………………… 189
- 11-4 遺伝ってどんなしくみ？ …………………… 193

第12章 環境と有機化学

- 12-1 環境って何だろう？ ………………………… 198
- 12-2 公害って何だろう？ ………………………… 202
- 12-3 環境問題って何だろう？ …………………… 206
- 12-4 化学は環境を守れるの？ …………………… 211

第13章 現代の有機化学

- 13-1 超分子って何だろう？ ……… 216
- 13-2 どんな合成材料があるの？ ……… 220
- 13-3 どうやってエネルギーを作るの？ ……… 225
- 13-4 これからの有機化学はどうするの？ ……… 230

索引 ……… 233

{ # 第 1 章
有機化学って何だろう？

1 化学って何だろう？
2 有機化学って何だろう？
3 有機化合物って何だろう？
4 有機化合物は何の役に立つの？

1-1 化学って何だろう？

　さあ、有機化学の世界を見ていきましょう。有機化学は面白い学問です。こんなことをいうと、化学のほかの分野のかたからしかられるかもしれませんが、気にすることはありません。私自身専門は有機化学からちょっとずれていますが、それでも有機化学は面白い学問だと思うのですから。

　しかし、有機化学が面白いとか面白くないとかいう前に、そもそも化学とは何なんでしょうか。

● 化学は物質の科学です

　化学はもちろん科学の一種です。その中でも化学は、一口にいえば**物質の科学**です。これは数学や物理との決定的な違いになります。数学は物質を相手にしません。物質の背後に潜む原理・原則を明らかにする、というのが数学です。微分・積分の式をどの角度から眺めても、空気も水も、ましてやハムスターのような生き物は見えてきません。

　物理は、数学に比べれば、多少は物質を相手にしているでしょう。し

化学・物理・数学の視点の違い

空気
物質
水
ハムスター
じかに触れ合う。（化学）
双眼鏡（物理）　遠い
望遠鏡（数学）　遠い

化学は物質と直接に向き合う科学です。

かし、物理も物質そのものからは距離を置こうとします。物質の性質を一般化して、できるだけ多くの物質に適用できる性質を引き出そうとします。

化学は物質を相手にします

化学は違います。化学は物質そのものと真正面から向き合います。空気は何だろう。水は何だろう。ハムスターは何からできているのだろう。ハムスターの毛はどうしてあんなに柔らかいのだろう。

これが化学の原動力です。身の回りにある物質は何なのだろう。このような素朴な疑問から出発したのが化学です。その精神は今も忘れられてはいません。それどころか、ますます強力なものになっています。

石油って何だろう。石油は何からできているのだろう。石油はなぜ燃えるのだろう。石油は燃えると何になるのだろう。このような疑問があったからこそ、化学は発展してきました。

そして、このような疑問は石油に限りません。物質とは何だろう。物質は何からできているのだろう。物質の変化とは何だろう。物質はなぜ変化するのだろう。物質は変化すると何になるのだろう。

化学は、このような疑問を忘れない学問なのです。あなたにもできそうな気がしてきたでしょう。

物質を相手にする化学

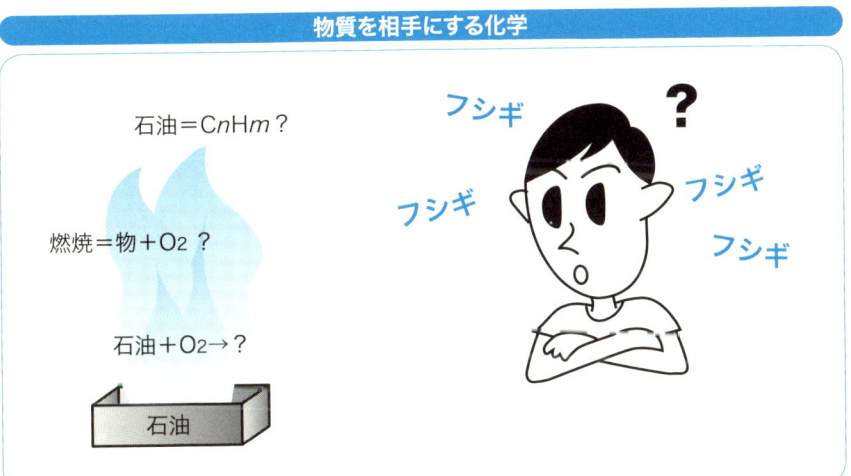

石油＝C_nH_m？

燃焼＝物＋O_2？

石油＋O_2→？

石油

物質とは何でしょう

　物質とは何でしょう。私たちは物質に囲まれて生活しています。私たちは衣服を着ていますが、衣服はもちろん物質です。毎日水を飲み、食事をしますが、水も食料も物質です。テレビも携帯電話もパソコンも、手にするものはすべて物質です。それどころか、私たち自身が物質です。

　物質とは、一定の体積と重さ（質量）を持ったもののことです。宇宙は物質で満たされています。というより、物質の存在する空間が宇宙なのです。物質が存在しなければ空間でもなく、宇宙でもないのです。化学はこの物質の構造、性質、変化を明らかにしようとするものです。

私たちは物質に囲まれている

私たち自身も物質　　　　宇宙に満ちているものも物質

分子、原子とは何でしょう

　物質は何からできているのでしょう。

　1Lのペットボトルの水を分けると、コップの水になります。それを分ければ、お猪口の水になります。それをまた分ければ、一滴の水になります。それをまた分けて、ということを繰り返すと、これ以上分けられない小さい単位になります。この小さな粒子のことを**分子**といいます。

分子は水の性質を持っています。

ところが、この分子は実はさらに細かく分けることができるのです。あとで詳しく見ますが、水分子は1個の酸素原子と2個の水素原子に分けることができます。しかし、この酸素原子、水素原子は、もうどちらも水の性質は持っていません。

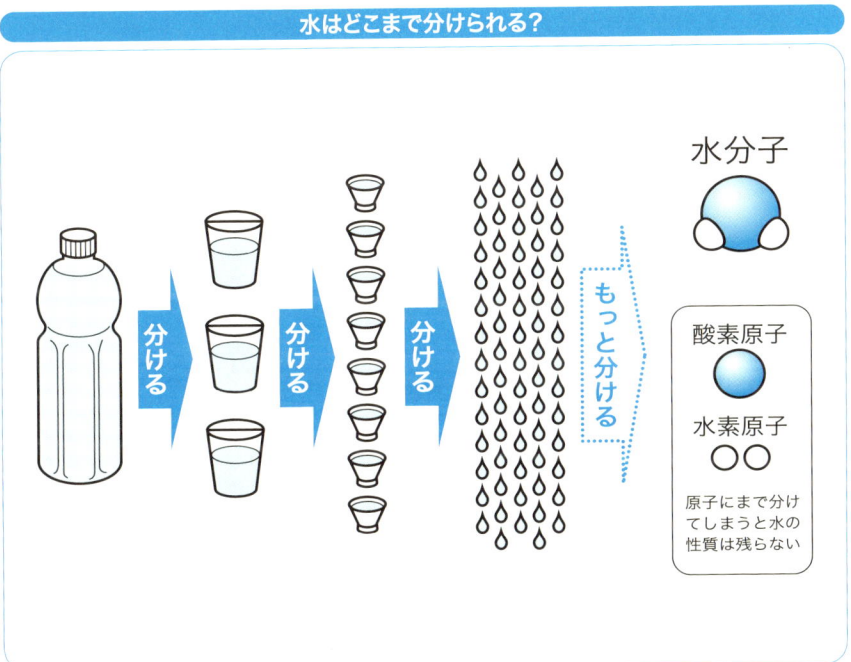

水はどこまで分けられる？

 このように、すべての物質は**原子**からできています。ところが、原子の種類は100種ほどしかないのです。わずか100種類ほどの原子が、実際には数十種類の原子が結合したり分離したりして、私たちの周りにある無限大ともいえる種類の物質を作っているのです。不思議ではないでしょうか。

 原子は集まって構造体を作ります。これが分子です。そして分子が集まったものが物質です。物質の種類と同じように、分子の種類も無限大です。物質を相手にする化学は、すなわち、この無限大の種類の分子を相手にする学問なのです。

1-2 有機化学って何だろう？

有機化学とは何でしょう。

化学には多くの種類があります。物理化学、分析化学、無機化学、有機化学、高分子化学、生命化学、量子化学、錯体化学、構造化学、化学結合論、化学熱力学、反応速度論、などなど。

それぞれの化学は何をやるのでしょう

各分野の化学では、それぞれ独自の化学を研究します。化学の研究対象はそれくらい広いのです。

化学って？

物理化学は、化学の中でも理論的な分野を扱うものであり、すべての化学の基礎を作るものです。ときに物質そのものを離れ、抽象的な理論を扱います。物理に似ているところがあるので、物理化学と呼ばれます。

分析化学は、混合物を分離して純粋化し、それを作っている原子の種類を明らかにします。化学の実験的な基礎を作るものといえます。

無機化学は、90種類ほどの原子について、性質や反応性を明らかにします。その意味で、非常に範囲の広い研究といえるかもしれません。

高分子化学は、高分子すなわちプラスチックやゴム、合成繊維などの作り方、性質、反応性を研究します。

生命化学は、もちろん、生命体が何からでき、どのように変化し、どのように遺伝し、どのように生命をつないでいくかを研究します。

では、有機化学は何を研究するのでしょう

有機化学は、**有機化合物**の構造、物性、反応性、および、その合成方法を明らかにする学問です。

それでは、有機化合物とはどんなもののことでしょう。有機化合物の代表は私たち自身です。人間は有機化合物の塊なのです。食物のほとんども有機化合物です。衣服もそうですし、畳も紙も、ベランダの植物も、そこに飛んでくる蝶々も、かごの中で寝ているハムスターも有機化合物です。有機化合物のことを**有機物**と呼ぶこともあります。

有機化合物は英語でOrganic Compoundsといいます。Organとは生物の内臓を意味します。すなわち、有機化合物とは、本来は生物に由来する物質のことを意味したのです。

しかし、今ではもっと意味が広がっています。現在では、有機化合物とは「炭素(元素記号C)を含む化合物のうち、簡単な構造のものを除いたもの」と、あまりハッキリしない言葉で定義されています。ここでいう"簡単な構造のもの"とは、一酸化炭素CO、二酸化炭素CO_2などを指します。つまり、炭素を含む化合物のうち、CO、CO_2などを除いたものを有機化合物といい、そのような化合物を扱う化学を有機化学というのです。

有機化学って？

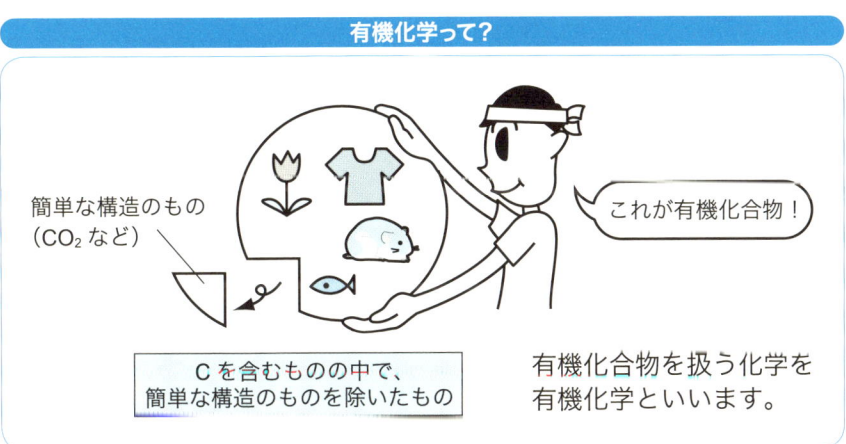

● 有機化合物の性質、反応性とは何でしょう

　有機化合物はいろいろな性質を持っています。室温で結晶のものも、液体や気体のものもあります。また色や匂いも大きな特色の一つです。

　しかし、最も大きな特色は**反応性**です。有機化合物に限らず、分子は一定の条件がそろうと、他の分子に変化します。これを**化学変化**あるいは**化学反応**といいます。多くの有機化合物は高い反応性を持っています。つまり他の分子に変化しやすいのです。

　化学反応には、ある分子が自分自身で他の分子に変化するものもあります。このような変化は原子の組み換えになります。また、1個の分子が数個の小さな分子に分解する反応もあります。反対に、小さな分子がいくつか合体して、大きな分子になる反応もあります。

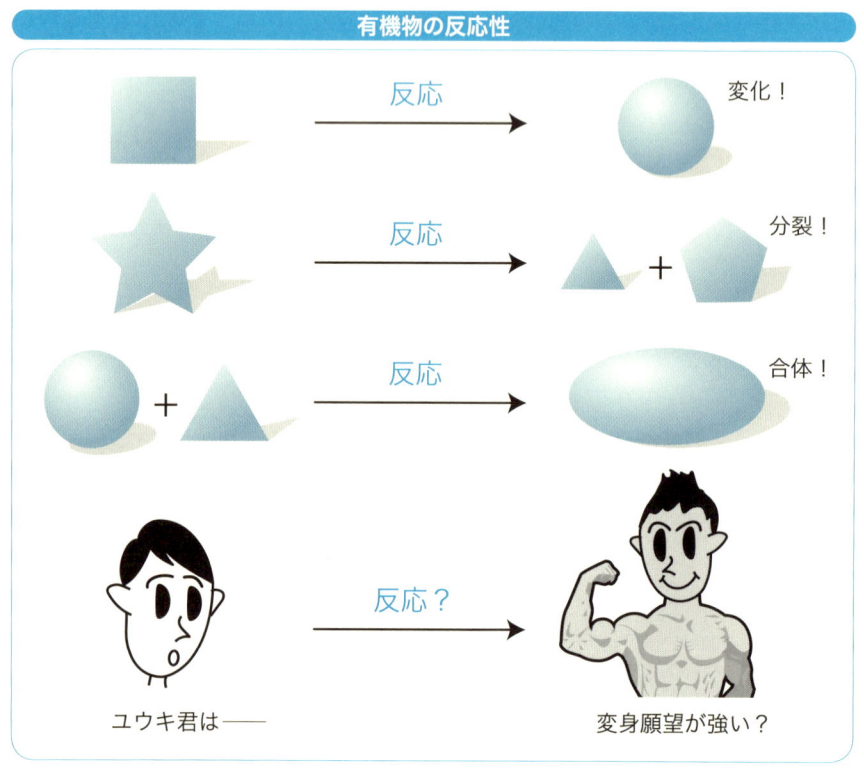

有機物の反応性

有機化合物の合成とは何でしょう

　有機化学の大きな目的は、新しい有機化合物を作り出すことです。これを**有機合成**といいます。有機合成とは、現在ある有機化合物に対して化学反応を行い、これまで地球に存在しなかった、新しい化合物を作り出すことです。

　有機合成は私たちの生活を豊かにしてくれます。病気やけがのときにお世話になる薬剤の多くは、有機合成で作られたものです。テレビやパソコンで使う液晶もそうです。プラスチックや合成繊維も有機合成によって作られるものです。身の回りを眺めたら、どれくらい多くのものが有機合成によって作られているかがわかると思います。

　有機合成は有機化学の中で最も大切な分野かもしれません。それは私たちの生活に密接に関係するのです。

有機物の合成

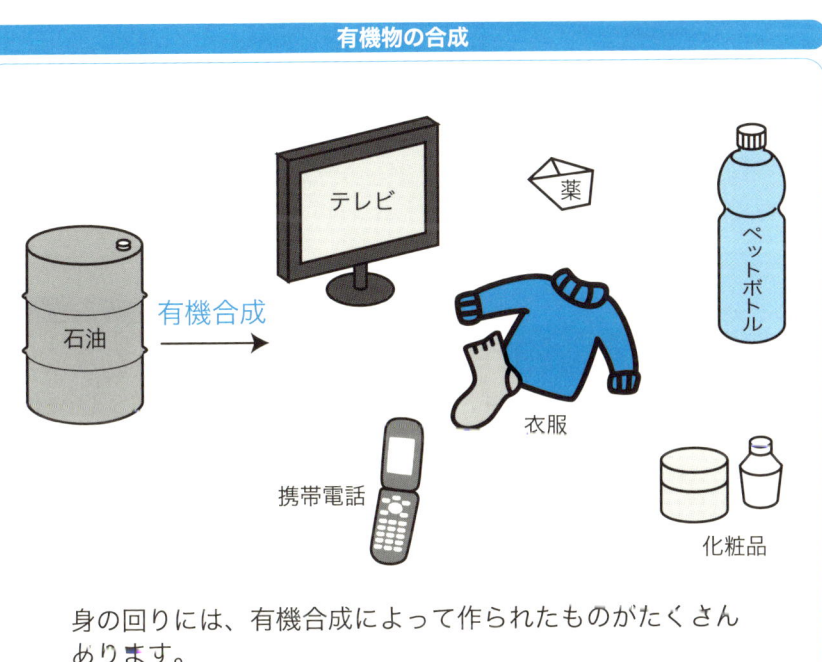

身の回りには、有機合成によって作られたものがたくさんあります。

1-3 有機化合物って何だろう？

有機化合物には非常に多くの種類があります。私たちの周りにある有機化合物を、大きく4つの種類に分けて見てみましょう。

化石燃料の仲間たち

化石燃料とは、大昔の生物が化石になることによってできた燃料であり、石油や天然ガスのことをいいます。おもに炭素と水素(元素記号H)からできています。

キッチンのガスコンロで燃えているのは天然ガスであり、成分はメタンCH_4です。キャンプで燃料に用いたりするプロパンガスはC_3H_8です。

このように、炭素と水素だけでできた有機化合物を**炭化水素**と呼ぶことがあります。

石油も主成分は炭化水素です。石油にはガソリンや軽油、灯油などが含まれますが、それらの違いは炭素数の違いによります。炭素数が10個程度と少ないとガソリンになり、15個程度になると灯油になる、というわけです。

炭化水素の構造式

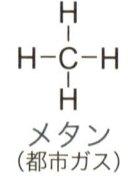
メタン
(都市ガス)

プロパン
(液化石油ガス)

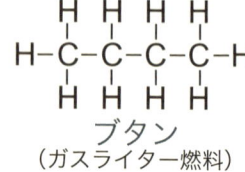
ブタン
(ガスライター燃料)

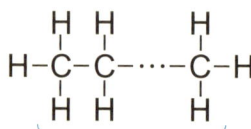

炭素が5〜30個… 石油
約1万個……… ポリエチレン

食べ物の仲間たち

食べ物も有機化合物です。食べ物は炭素と水素だけでなく、酸素(O)や窒素(N)を含みます。

キッチンにはお酒や酢が置いてあります。お酒はエタノールという有機化合物を水に溶かしたものです。エタノールが溶けている量は、ビールの5％くらいから、お酒の17％、さらにはウイスキーの45％など、お酒によっていろいろあります。

キッチンの有機化合物

エタノールはCH_3CH_2OHであり、炭素、水素、酸素からできています。このエタノールが酸素と反応して酸化されると、酢酸になります。酢酸はCH_3COOHであり、酢の成分です。

砂糖はかなり複雑な構造をしています。砂糖分子は12個の炭素原子、22個の水素原子、11個の酸素原子からできており、その構造は次のページの図に示したとおりです。

窒素を含むものもあります。うま味調味料は化学的にはグルタミン酸ナトリウムといわれるもので、その構造は図に示したものです。グルタミン酸は一般にアミノ酸といわれるものであり、アミノ酸がたくさん結合するとタンパク質になります。

| 食べ物に含まれる有機化合物 |

お酒
CH₃-CH₂-OH
エタノール

お酢
CH₃-C(=O)-OH
酢酸

砂糖
スクロース（ショ糖）

うま味調味料
HO-C(=O)-C(NH₂)(H)-CH₂-CH₂-C(=O)-ONa
グルタミン酸ナトリウム

● プラスチックの仲間たち

　私たちの身の回りにある有機化合物の多くは、**高分子**といわれるものです。高分子というのは、小さな有機化合物がたくさんつながったもので、全体としては非常に大きな分子です。

　高分子の代表的なものは**ポリエチレン**でしょう。ポリエチレンの"ポリ"はラテン語の数詞で"たくさん"という意味です。そしてエチレンは $H_2C=CH_2$ で表される小さな有機化合物です。すなわち、ポリエチレンはエチレンがたくさん結合したものという意味なのです。

　高分子はいろいろな形状になることができます。プラスチック（合成樹脂）、ゴム、合成繊維などはすべて高分子です。私たちの衣服もカーテンも布団も高分子であり、家電製品のボディーのほとんども高分子であり、家具の表面、さらには建材の多くも高分子なのです。私たちは高分子に囲まれて生活しているのです。

私たちの仲間たち

私たちは高分子に囲まれ、有機化合物を食べ、有機化合物のエネルギーを利用して生活していますが、それだけではありません。私たちやハムスターなど、生物自身が有機化合物なのです。

さきほど、多くのアミノ酸が結合すると**タンパク質**になるといいましたが、このことはタンパク質が有機化合物であることを意味します。そればかりではありません。私たちの食べた食物を消化分解してエネルギーを取り出してくれる酵素もタンパク質であり、やはり有機化合物なのです。

実は、生物の機能の最も重要な部分ともいえる遺伝のはたらきを支配するのも有機化合物なのです。遺伝を支配するのはDNAやRNAと呼ばれる**核酸**ですが、これは炭素、水素、酸素、窒素、リンからできた有機化合物です。

そして、タンパク質にしろ、核酸にしろ、小さな単位分子がたくさんつながってできた高分子なのです。すなわち、生物は**高分子の集合体**ともいえるものなのです。

生物は有機化合物から

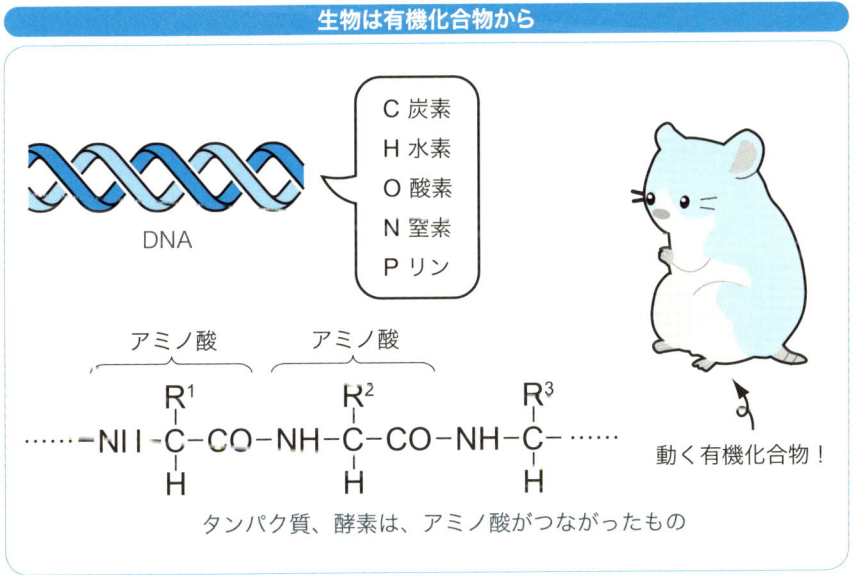

タンパク質、酵素は、アミノ酸がつながったもの

1-3 有機化合物って何だろう？

1-4 有機化学は何の役に立つの？

有機化学は面白い学問です。しかし、面白いだけではありません。有機化学は非常に役に立つ学問なのです。私たちの日常生活を確実に豊かにしてくれるものなのです。

🔵 衣食住は有機化合物のおかげです

現在、地球上には70億を超える人々が生活しています。これだけの人々にまがりなりにも食料が行き渡っているのは、有機化学をはじめとした化学のおかげといってよいでしょう。

化学肥料がなければ、同じ耕地でこれだけの収穫量を毎年上げ続けることは不可能です。また、病気、昆虫から植物を守るのは、殺虫剤、殺菌剤など、農薬といわれる有機化合物です。これらがなければ多くの人々が飢えに苦しみ、そもそも70億もの人々が地球上に存在することは不可能でしょう。

また、高分子による各種プラスチックや合成繊維が家屋となり、衣服となって、私たちを危険や寒さから守ってくれているのもご存知のとおりです。

人類を支える有機化合物

人口増加→食料不足！
ワー！
食料（有機化合物）がないと

殺虫剤
シュー！
化学肥料

産業でも活躍しています

　各種産業においても有機化合物は活躍しています。輸送機器の部品になることによって流通機構に貢献しています。いまや自動車の多くの部分はプラスチック製であり、軽さを特に重視する航空機においてもそうです。

　有機化合物は一般にやわらかく燃えやすい、と思われがちですが、最近の有機化合物はそのような既成概念を打ち破ります。鋼鉄並みの硬度を持ち、機械の歯車や防弾チョッキに用いられる有機化合物が何種類もあります。電気を通す有機化合物はもちろん、中には超伝導性を示すものすら開発されています。

　有機化合物はそれだけで構造材となるだけではありません。グラスファイバーと合体したり、金属素材と接合したりする複合材料としても使用されます。

産業で利用される有機化合物

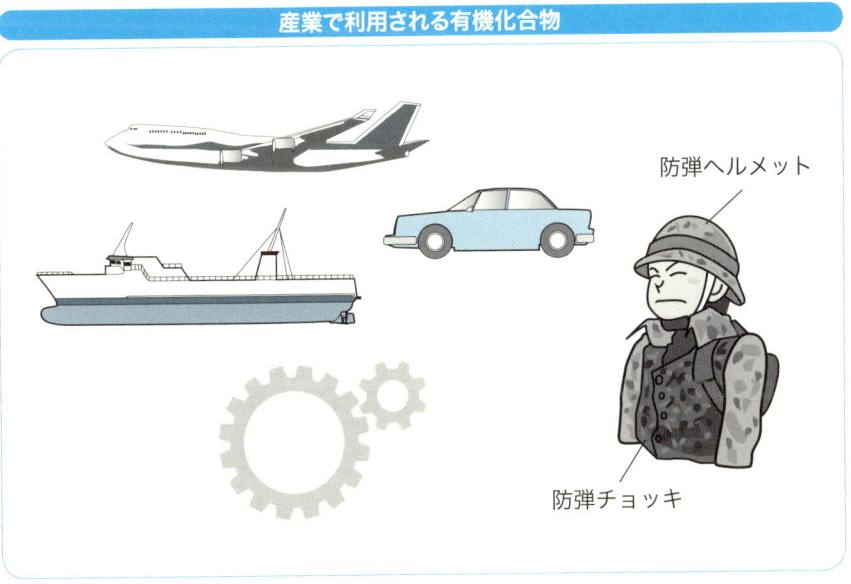

文化の担い手として活躍しています

　有機化合物は文化の担い手でもあります。液晶表示装置がなかったらどうなるでしょうか。私たちが液晶テレビを楽しみ、パソコンで仕事をし、携帯電話で情報交換ができるのは液晶表示装置のおかげですが、液晶分子は紛れもない有機化合物なのです。

　また近い将来、電子ペーパーが実用化されようとしていますが、ここでも液晶は活躍するといわれています。

　そのような電子機器を抜きにしても、紙は有機化合物ですし、インクも有機化合物です。カラー写真も有機化合物のインクで印刷されています。それどころか、絵画、彫刻、建築、ほとんどすべての文化財は有機化合物でできています。有機化合物は、歴史の最初から文化の中心に位置し続けているのです。

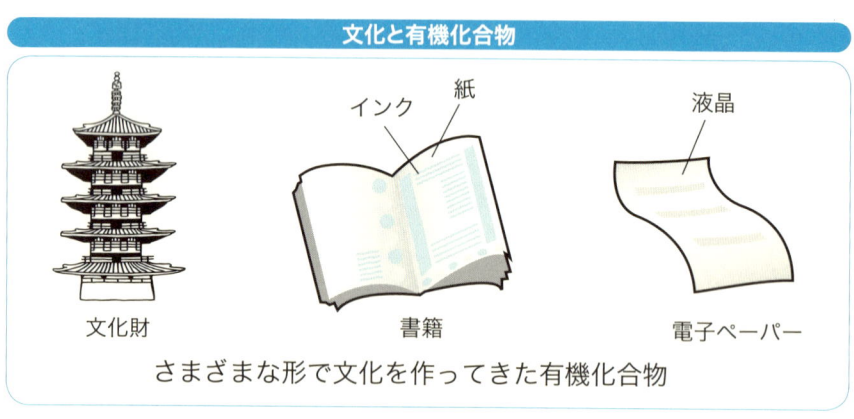

文化と有機化合物

文化財　　書籍　　電子ペーパー

さまざまな形で文化を作ってきた有機化合物

環境問題でも活躍しています

　有機化合物は農薬として生物に害を与え、ＤＤＴ、ＰＣＢとなって環境を汚し、燃えれば二酸化炭素となって地球温暖化を引き起こす、ということで、環境を汚す元凶のように思われることがあります。

　かつてそのようなことがあったのは確かですが、現在の有機化学は大きく変わりました。そもそも公害は化学物質に責任があるというより、

その使い方に問題があったのであり、必要最小限の量の化学物質を注意深く使えば、大きな問題にはならなかったと思われるところがあります。

現在では、農薬も医薬品も、その効果だけでなく、環境に与える負荷まで考慮して開発されています。

また、有機化学は積極的に環境問題に貢献しています。その一つに**太陽電池**があります。現在の太陽電池はシリコン半導体を使います。しかし、シリコンを作るには膨大な量の電気を使い、技術的にもたいへんに高度なものが要求されます。それに対して、近い将来実用化されるものに**色素増感太陽電池**や**有機薄膜太陽電池**があります。これらは有機化合物を用いた太陽電池です。作るのは非常に簡単であり、エネルギーも使いません。

環境と有機化合物

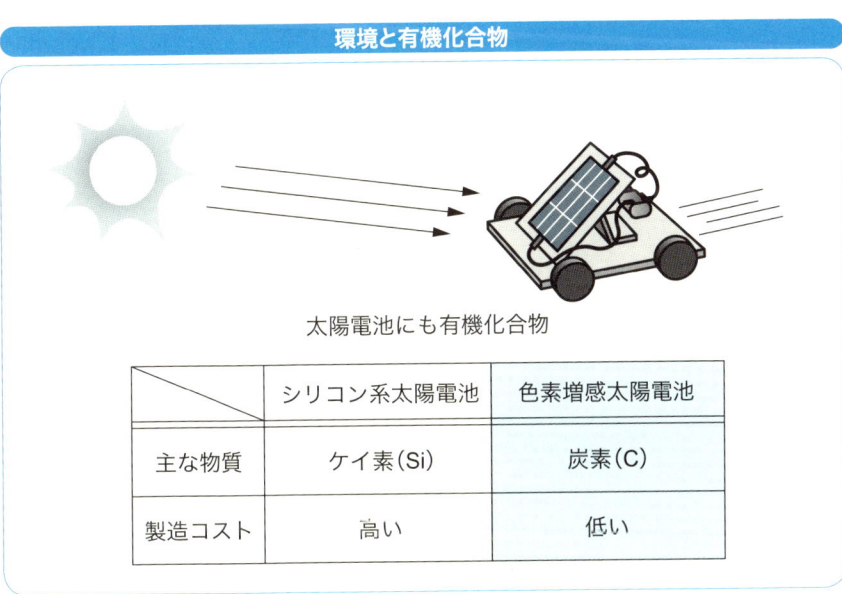

太陽電池にも有機化合物

	シリコン系太陽電池	色素増感太陽電池
主な物質	ケイ素（Si）	炭素（C）
製造コスト	高い	低い

このように、有機化合物は人間活動のあらゆる分野に関与し、それを力強く支えているのです。

さあ、これから、このような有機化学の世界を眺めていくことにしましょう。

column
コラム

ペットボトルの中の水分子の数は？

　1-1の節で、ペットボトルに入った水を細かく細かく分けていくと水分子になるというお話をしました。この水分子、どのくらい細かいものなのでしょうか。

　1.5Lのペットボトルに水が詰められているとしましょう。この水の重さは約1500gです。水分子が$6×10^{23}$個(この数をアボガドロ数といいます)集まると18gであることが知られています。ということは、$1500÷18×6×10^{23}=5×10^{25}$ (個)がこのペットボトルの中に入っている水分子の数ということになります。この数、どのくらい大きな数かちょっとイメージがわきませんね。私たちがよく目にする「兆」という数え方の単位は10の12乗のことです。1兆個のものが1兆セットあってもまだ10の24乗です。「兆」のあとには「京」(10の16乗)、「垓(がい)」(10の20乗)、「秭(じょ)」(10の24乗)と続きます。つまり、$5×10^{25}$個は50秭個と読みます。

　この数の大きさを実感するために、思考実験をしてみましょう。いま、ペットボトルの水を全部海へ注いでしまったとします。そして、もともとペットボトルに入っていた水分子は世界中の海へ均等に散らばっていったと考えます。ここで、もう一度海からペットボトルへ水を汲んで入れたとき、初めにペットボトルに入っていた水分子が1つでも戻ってくることはあるでしょうか。

　海はとても広くて大きいものですから、ペットボトル程度のものに入っていたものが戻ってくるとは思えませんが、どうでしょうか。計算で確認してみましょう。海の体積は約$1.4×10^{24}cm^3$なので、$1.4×10^{24}÷1500≒1×10^{21}$倍だけペットボトルより大きいことになります。すると、海の水をもう一度ペットボトルに汲んだとき、確率的には$5×10^{25}÷10^{21}=50000$個もの水分子が戻ってくることになります！

　ペットボトルの中の水分子の多さ、実感できたでしょうか。

第2章
炭素原子と原子構造

1 原子って何だろう？
2 原子ってどんな性質？
3 周期表って役に立つの？
4 炭素ってどんな原子？

2-1 原子って何だろう？

　分子は原子からできていますが、2種類以上の原子からできた分子をとくに **化合物** といいます。したがって、有機化合物の性質を知るためには、まず原子の性質を知る必要があります。

🔵 原子の形は？

　原子とはどのようなものでしょうか。原子を直接見た人はだれもいません。したがって、原子の形を正確にいうことはだれにもできません。

　しかし、これまでの膨大な実験データと理論解析を元にすれば、ほぼ確かな形を推定することはできます。それによれば、原子は雲でできた球のようなものです。

　雲のようなフワフワとしたものでできていますので、正確に球ということはできません。周りにあるものの性質によって、原子の形は球になることも、回転楕円体のようなイビツな形になることもあります。また、雲ですから、輪郭を決めるのも難しくなります。雲が大気の中に溶け込んでいるように、原子の境界と輪郭を明らかにすることは困難です。

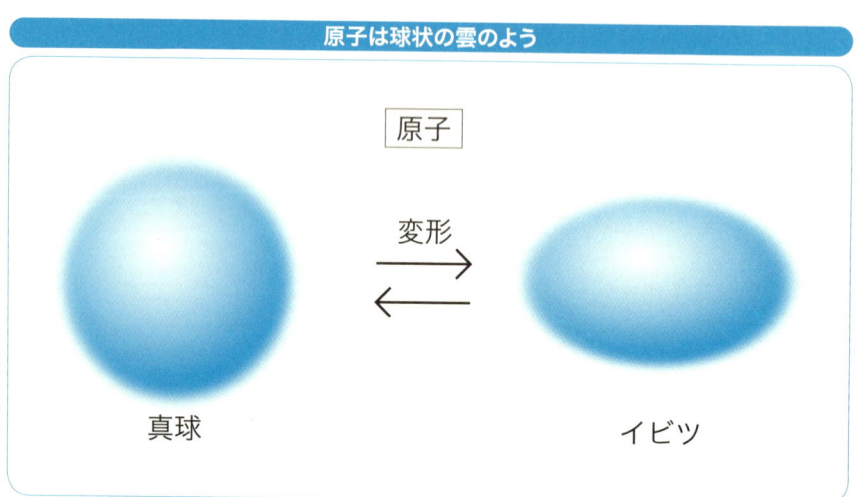

原子は球状の雲のよう

原子

真球 ⇄変形⇄ イビツ

原子の大きさは？

原子は非常に小さいもので、その直径は 10^{-10} m のオーダーです。10^{-10} m は 0.1 nm（ナノメートル）ということです。

現代科学は**ナノテク**といわれます。ナノテクはナノ・テクノロジーの略であり、ナノメートルオーダーの大きさの物質を扱う技術のことをいいます。ナノメートルは原子直径の10倍の大きさ、つまり大きな分子の大きさに相当します。ナノテクとは大きな分子を自在に扱う技術のことであり、本質的に化学の技術なのです。

原子がどれほど小さいかを実感するために、思考実験をしてみましょう。原子を拡大してピンポン玉の大きさにしたとします。このとき、ピンポン玉を同じ拡大率で拡大すると、地球ほどの大きさになってしまいます。原子の小ささが実感できるのではないでしょうか。

原子はこんなに小さい

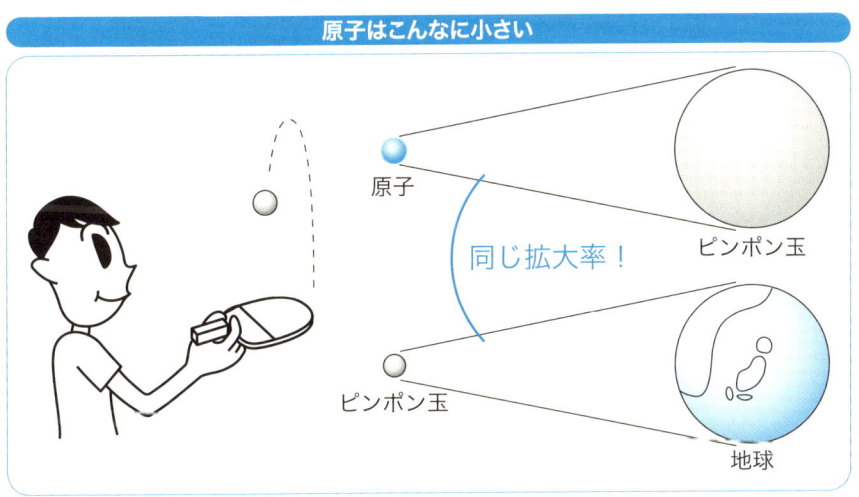

原子は究極の粒子か？

物質を分割すると分子になり、分子を分割すると原子になりました。それでは原子はこれ以上分割することのできない究極の粒子なのでしょうか。

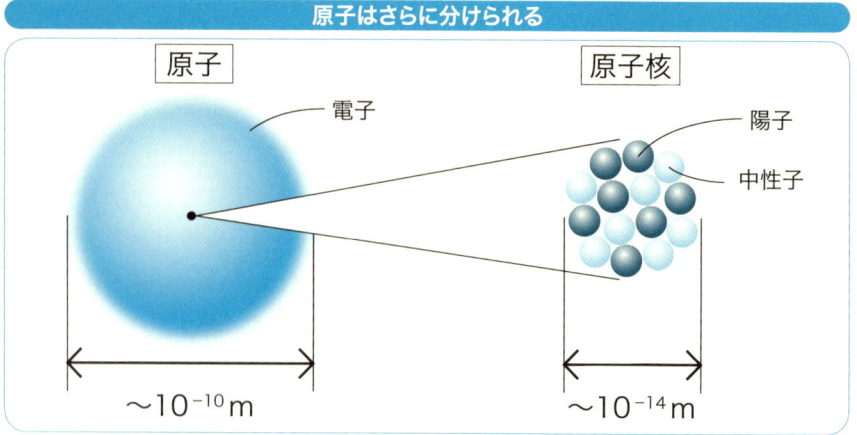

そうではありません。原子はさらに細かい粒子に分割することができるのです。原子は雲でできた球のようなものですが、この雲は何個かの**電子**（記号 e）からできているもので、**電子雲**と呼ばれます。そして、電子雲の中央には**原子核**と呼ばれる非常に小さい粒子があります。

原子核の直径は 10^{-14} m のオーダーで、これは原子直径の 1 万分の 1 です。もし原子核の直径を 1 cm とすると、原子の直径は 10^4 cm、すなわち 100 m になることを意味します。

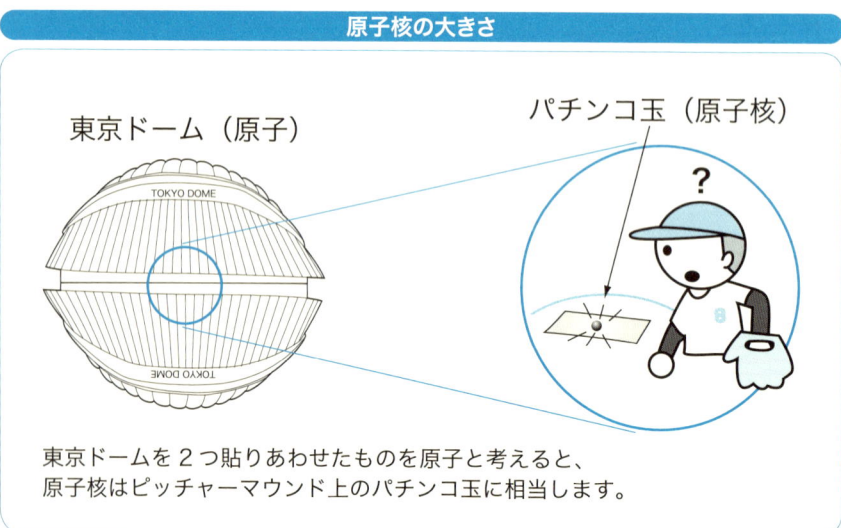

東京ドームを 2 つ貼りあわせたものを原子と考えると、原子核はピッチャーマウンド上のパチンコ玉に相当します。

原子核は何からできている？

原子核はさらに小さい粒子からできています。それは**陽子**（記号 p ）と**中性子**（ n ）です。

陽子は物質なので、重さを持っています。その単位を1（質量数）としましょう。また、陽子は正の電荷を持っています。その単位、電荷数を＋1とします。中性子も物質であり、重さ（質量数）は陽子と同じ1ですが、電荷（電荷数）は0です。

原子核を構成する陽子の個数を**原子番号**（記号Z）といい、陽子と中性子の個数の和を**質量数**（A）といいます。質量数は原子の相対的な重さを表す原子量のもとになる数値であり、多くの原子で質量数と原子量はほぼ等しい値になっています。

電子は非常に軽く、その重さは陽子や中性子に比べると無視できるので、質量数は0です。しかし、電荷数は大きく、陽子と反対電荷の－1を持っています。そして、中性の原子では、原子核に存在する陽子数（Z）と電子雲を構成する電子の個数は等しいので、原子全体としての電荷は0で中性となっています。

中性子と陽子

名称		記号	電荷	質量数	質量（kg）
原子	電子	e	－1	0	9.1094×10^{-31}
	原子核 陽子	p	＋1	1	1.6726×10^{-27}
	原子核 中性子	n	0	1	1.6749×10^{-27}

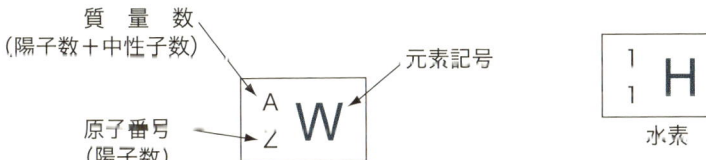

2-2 原子ってどんな性質？

有機化合物は、何種類かの原子が複数個集まって作られた構造体です。それでは、原子はどのような性質を持っているのでしょう。

電子はどこにいる？

　原子の体積のほとんどは電子雲によって占められています。原子核は電子雲の外に顔を出すことはありません。そのため、原子の性質は電子によって決まることになります。

　原子を構成する電子は、原子核の回りに適当に集まっているわけではありません。電子は電子殻という入れ物に入ります。電子殻は球殻状の構造であり、原子核の回りに層状になって存在します。電子殻には名前がついており、それは、原子核に近いものから、順に**K殻**、**L殻**、**M殻**、**N殻**、……と、Kから始まるアルファベットの順になっています。

　内側の電子殻は小さく、外側は大きくなります。そのため、電子殻には定員が決まっています。それはK殻(2個)、L殻(8個)、M殻(18個)、…となっています。

電子殻の構造

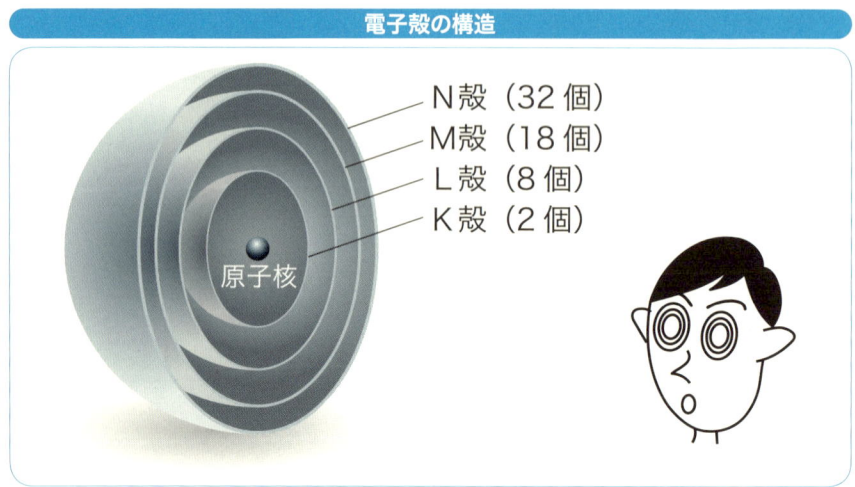

N殻（32個）
M殻（18個）
L殻（8個）
K殻（2個）
原子核

電子はどの電子殻に入る？

電子は好きな電子殻に自由に入れるわけではありません。電子が電子殻に入るときには、内側の電子殻から順に入っていきます。電子がどの電子殻にどのように入っているかを示したものを**電子配置**といいます。各原子の電子配置を原子番号の順に見ていくことにします。

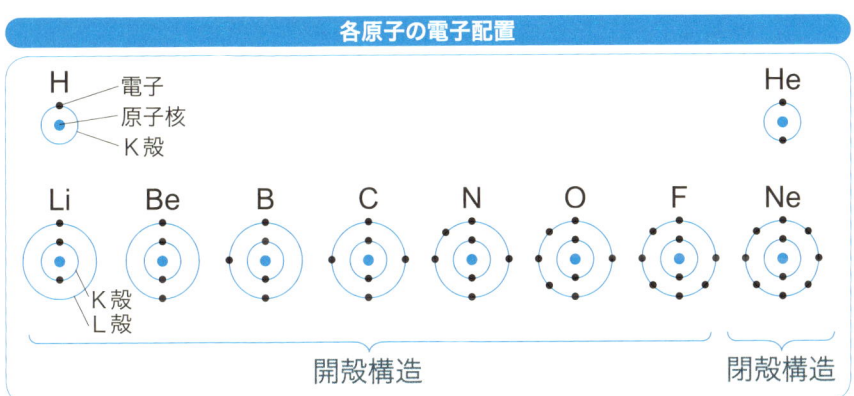

各原子の電子配置

- ○**水素**H：水素の電子は1個です。したがって、最も内側のK殻に入ります。
- ○**ヘリウム**He：K殻の定員は2個ですから、ヘリウムの2番目の電子もK殻に入ることができます。これで、K殻は定員一杯の満員となりました。このような電子構造を**閉殻構造**といい、特別の安定性があることが知られています。それに対して、水素のように満杯になっていないものを**開殻構造**といいます。
- ○**リチウム**Li：リチウムの3番目の電子はL殻に入ります。
- ○**ベリリウム**Be、**ホウ素**B、**炭素**C、**窒素**N、**酸素**O、**フッ素**F：これらのK殻以外の電子はL殻に入っていきます。そのため、各原子のL殻電子数はBe（2個）、B（3個）、C（4個）、N（5個）、O（6個）、F（7個）となります。
- ○**ネオン**Ne：ネオンの10個の電子は2個がK殻、8個がL殻に入ります。ネオンは電子殻が満杯であり、閉殻構造となっています。

● どうしてイオンになるのか？

　リチウムはK殻に2個、L殻に1個の電子を持っています。もし、L殻の電子を放出すると、電子配置はヘリウムと同じ閉殻構造となり、安定になります。

　そのため、リチウムは電子を1個放出しようとする性質を持ちます。電子を放出すると、リチウムの電荷は原子核が＋3、電子雲が－2となり、全体として＋1となります。このようなものを**陽イオン**といい、Li^+として表します。

　フッ素は電子1個を取り入れるとネオンと同じ閉殻構造になり、安定化します。そのため、フッ素は－1価の**陰イオン**F^-となる傾向があります。

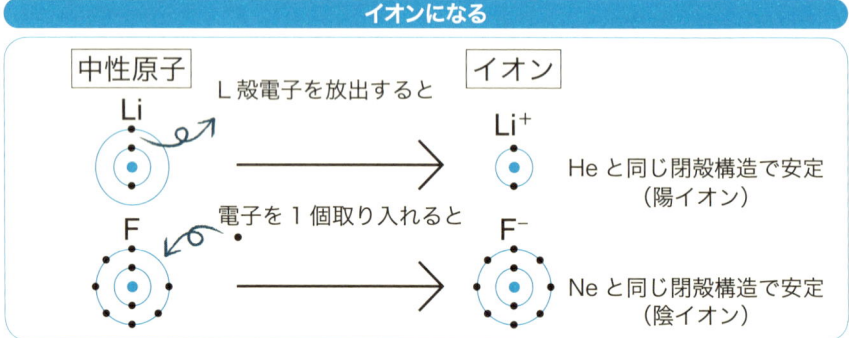

イオンになる

● 価電子のはたらきは？

　電子の入っている電子殻のうち、最も外側のものを**最外殻**といい、最外殻に入っている電子を**最外殻電子**といいます。

　先ほど見たように、リチウムは最外殻電子が1個であり、そのため、＋1価の陽イオンになります。フッ素は最外殻の電子数が閉殻構造に1個足りない7個であり、そのため、－1価の陰イオンになります。

　このように、最外殻の電子は原子が作るイオンの価数を決めるはたらきがあるので、**価電子**と呼ばれます。価電子はイオンの価数だけでなく、原子の性質や反応性に大きく影響します。

2-3 周期表って役に立つの？

　原子の種類を**元素**といいます。原子は1個、2個と数えることのできる物質ですが、元素は概念であり、物質ではありません。"私""あなた"が原子であり、"日本人"が元素のような関係です。

　元素を原子番号の順に並べた表を**周期表**といいます。化学にとって周期表は大切なものですが、有機化学にとってはそれほど大切ではありません。でも、周期表を知っておくと、いろいろと便利なことがあります。ここでは簡単に見ておきましょう。

● 周期表

　下に示したのが周期表です。元素を原子番号の順に並べたものです。

周期表

族→ 周期↓	1	2	3	4	5	6	7	8	9	10	11	12	13	14	15	16	17	18
1	1 H 水素																	2 He ヘリウム
2	3 Li リチウム	4 Be ベリリウム											5 B ホウ素	6 C 炭素	7 N 窒素	8 O 酸素	9 F フッ素	10 Ne ネオン
3	11 Na ナトリウム	12 Mg マグネシウム											13 Al アルミニウム	14 Si ケイ素	15 P リン	16 S 硫黄	17 Cl 塩素	18 Ar アルゴン
4	19 K カリウム	20 Ca カルシウム	21 Sc スカンジウム	22 Ti チタン	23 V バナジウム	24 Cr クロム	25 Mn マンガン	26 Fe 鉄	27 Co コバルト	28 Ni ニッケル	29 Cu 銅	30 Zn 亜鉛	31 Ga ガリウム	32 Ge ゲルマニウム	33 As ヒ素	34 Se セレン	35 Br 臭素	36 Kr クリプトン
5	37 Rb ルビジウム	38 Sr ストロンチウム	39 Y イットリウム	40 Zr ジルコニウム	41 Nb ニオブ	42 Mo モリブデン	43 Tc テクネチウム	44 Ru ルテニウム	45 Rh ロジウム	46 Pd パラジウム	47 Ag 銀	48 Cd カドミウム	49 In インジウム	50 Sn スズ	51 Sb アンチモン	52 Te テルル	53 I ヨウ素	54 Xe キセノン
6	55 Cs セシウム	56 Ba バリウム	57～71 ランタノイド	72 Hf ハフニウム	73 Ta タンタル	74 W タングステン	75 Re レニウム	76 Os オスミウム	77 Ir イリジウム	78 Pt 白金	79 Au 金	80 Hg 水銀	81 Tl タリウム	82 Pb 鉛	83 Bi ビスマス	84 Po ポロニウム	85 At アスタチン	86 Rn ラドン
7	87 Fr フランシウム	88 Ra ラジウム	89～103 アクチノイド	104 Rf ラザホージウム	105 Db ドブニウム	106 Sg シーボーギウム	107 Bh ボーリウム	108 Hs ハッシウム	109 Mt マイトネリウム	110 Ds ダームスタチウム	111 Rg レントゲニウム	112 Cn コペルニシウム	114 Fl フレロビウム			116 Lv リバモリウム		
名称	アルカリ金属	アルカリ土類金属											ホウ素族	炭素族	窒素族	酸素族	ハロゲン元素	希ガス元素

	57 La ランタン	58 Ce セリウム	59 Pr プラセオジム	60 Nd ネオジム	61 Pm プロメチウム	62 Sm サマリウム	63 Eu ユウロピウム	64 Gd ガドリニウム	65 Tb テルビウム	66 Dy ジスプロシウム	67 Ho ホルミウム	68 Er エルビウム	69 Tm ツリウム	70 Yb イッテルビウム	71 Lu ルテチウム
ランタノイド															
アクチノイド	89 Ac アクチニウム	90 Th トリウム	91 Pa プロトアクチニウム	92 U ウラン	93 Np ネプツニウム	94 Pu プルトニウム	95 Am アメリシウム	96 Cm キュリウム	97 Bk バークリウム	98 Cf カリホルニウム	99 Es アインスタイニウム	100 Fm フェルミウム	101 Md メンデレビウム	102 No ノーベリウム	103 Lr ローレンシウム

表の最上部に1から18までの数字が並んでいます。これを**族**といいます。1の数字の下に並ぶ元素を**1族元素**、2の数字の下を**2族元素**といいます。

表の左端に上から並ぶ数字を**周期**といいます。H、Heを**第1周期元素**、LiからNeを**第2周期元素**といいます。周期は元素の価電子が入る電子殻、最外殻に対応しています。つまり、第1周期は最外殻がK殻の元素です。そのため、第1周期にはHとHeの2個しかないことになります。そして、第2周期では、前節で見たように、L殻が最外殻になっています。

族の性質

周期表で大切なのは横の並びではありません。縦の並びである族が重要です。同じ族の元素は互いに似た性質を持ちます。これが周期表の意味する最も大きなことです。族のうち、第2周期の元素が属する族には名前がついています。

- 1族：水素以外のLi、Na、K、Rb、Cs、Frは**アルカリ金属**と呼ばれ、＋1価のイオンになります。反応性に富みます。
- 2族：**アルカリ土類金属**と呼ばれ、＋2価のイオンになります。アルカリ金属に似た性質をもちます。
- 13族：**ホウ素族**と呼ばれます。
- 14族：**炭素族**と呼ばれます。一般にイオンにはなりません。
- 15族：**窒素族**と呼ばれます。
- 16族：**酸素族**あるいは**カルコゲン**と呼ばれ、－2価のイオンになります。
- 17族：**ハロゲン**と呼ばれ、－1価のイオンになります。
- 18族：**希ガス**と呼ばれます。イオンになることはなく、化学反応をすることもほとんどありません。

性質の周期性

原子の性質の中には、周期表の並びとともに変化するものがあります。そのようなものを、**周期性を持った性質**といいます。

周期性を持った性質の一つに原子の大きさがあります。図に原子のおよその大きさを円で表し、周期表の順に並べました。

原子の大きさの周期性

H 79							He 49
Li 205	Be 140	B 117	C 91	N 75	O 65	F 65	Ne 51
Na 223	Mg 172	Al 182	Si 146	P 123	S 109	Cl 98	Ar 88
K 278	Ca 223	Ga 181	Ge 152	As 133	Se 122	Br 118	Kr 103
Rb 298	Sr 245	In 200	Sn 172	Sb 154	Te 142	I 132	Xe 124

数字の単位はpm（10^{-12} m）

図では、上から下に行くほど直径が大きくなっています。これは周期が大きくなるため、最外殻がだんだん原子核から離れ、大きくなっていることに由来します。

ところが、同じ周期では左から右へ、原子番号が増えると小さくなっています。これはなぜでしょう。それは原子核のプラス電荷が増えるからです。電子はマイナス電荷ですから、原子核と電子の間に静電引力が働き、電子は原子核にひきつけられます。そのため、同じ電子殻（L殻）でも、BeとFでは、その直径が異なってくるのです。

電気陰性度の傾向

有機化学でよく問題にされる原子の性質に、**電気陰性度**というものがあります。これは、原子が他の電子をひきつける度合いを数値で表したものです。数値が大きいほど電子をひきつける度合いが大きいことを意味します。

図に、周期表の順で電気陰性度を示しました。ここでも周期性のあることがわかります。周期表の上に行くほど、また右に行くほど、大きくなっています。これは、周期の小さいほうが原子核と電子の距離が小さく、族番号が大きいほど原子核のプラス電荷が増えることが原因です。

有機化学によく出てくる原子の電気陰性度を大きさの順に並べると、F＞O＞N＝Cl＞C＞H*となっています。この順序を頭に留めておくと、あとで何かと便利になります。

電気陰性度

H 2.1		小 → 大					He
Li 1.0	Be 1.5	B 2.0	C 2.5	N 3.0	O 3.5	F 4.0	Ne
Na 0.9	Mg 1.2	Al 1.5	Si 1.8	P 2.1	S 2.5	Cl 3.0	Ar
K 0.8	Ca 1.0	Sc 1.3	Ge 1.8	As 2.0	Se 2.4	Br 2.8	Kr

大 ↑ 小

＊電気陰性度の覚え方の例
　　　FON＝ClH
　　　フォン　クル水

2-4 炭素ってどんな原子？

有機化合物は炭素原子を含む化合物です。その意味で、有機化学は炭素原子の化学ということもできます。ここで、炭素原子の性質を見ておきましょう。

● 炭素原子の原子量

炭素原子の原子番号は6番です。したがって、原子核には6個の陽子がありますが、そのほかに6個の中性子があるので、質量数は12となります。

しかし、炭素には、ほかにも中性子数の異なる炭素原子があります。中性子数が7個、8個のものです。これらの原子の質量数はそれぞれ13、14となりますので、^{13}C、^{14}Cと表記されます。このように、原子番号が同じで、質量数の異なる原子のことを互いに**同位体**といいます。

炭素の同位体^{12}Cの質量を12と定義したとき、他の同位体の相対的な重さを**相対質量**といいます。相対質量は質量数とほとんど同じ数値です。

炭素の同位体

	^{12}C	^{13}C	^{14}C
陽子数	6	6	6
中性子数	6	7	8
原子番号	6	6	6
質量数	12	13	14
存在割合	98.9%	1.1%	～0%

天然の炭素は99.985%の^{12}C、0.015%の^{13}C、それとごくわずかの^{14}Cの混合物になっています。このとき、これらの同位体の相対質量の加重平均を**原子量**といいます。このような定義により、炭素の原子量は12.01という半端な値になります。

　しかし、少なくとも本書を読む限り、炭素の原子量は12としてかまいません。「炭素の原子量は12.01」などと細かいことを覚えるヒマがあったら、その間に「水素の原子量は1、酸素は16、窒素は14」とたくさん覚えておいたほうが、のちのちよほど役に立ちます。

炭素原子の価電子

　炭素には6個の電子があり、そのうち2個はK殻に、4個はL殻に入っています。したがって、炭素の価電子は4個となります。

　電子殻は、詳しく見ると**軌道**という小部屋からできています。このような軌道がK殻には1個、L殻には4個あります。

　この様子は列車に例えることができます。二人がけの席が4個あるミニ列車です。

　電子は電子殻という列車に乗り込むとき、二人がけの席に一人で座りたがります。したがって、L殻の4個目までの電子は席に一人で座ります。しかし、5番目からの電子は二人がけにならざるを得ません。一人

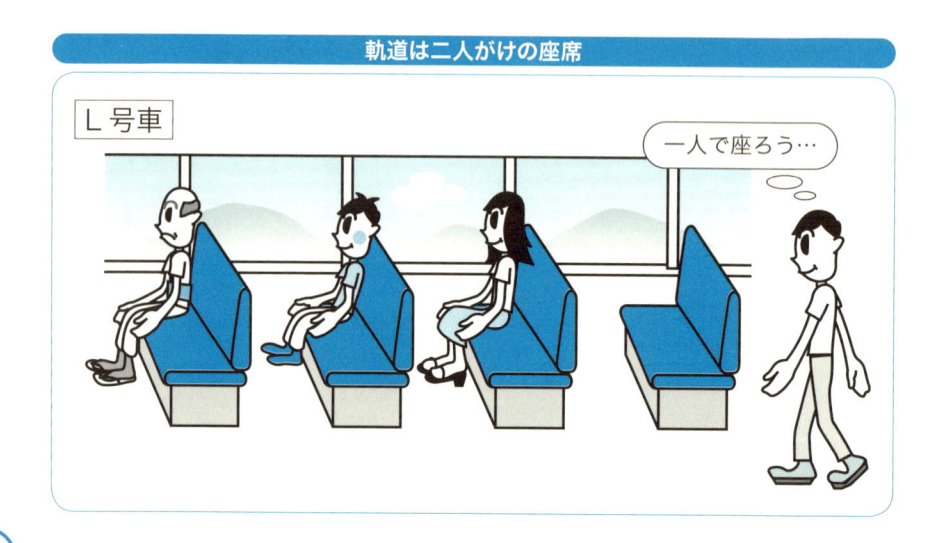

軌道は二人がけの座席

L号車

一人で座ろう…

で座っている電子を**不対電子**といい、二人で座っている電子を**電子対**といいます。

　したがって、炭素は不対電子を4個持っています。図のように、窒素は3個、酸素は2個、フッ素は1個しか持っていないことになります。水素も1個の不対電子を持っています。不対電子は、次の章で説明する「化学結合」で大きな役割を果たすことになります。

軌道の小部屋

L殻 □□　□□　□□　□□
K殻 □□

軌道

原子	電子配置	電子対	不対電子
C	●□ ●□ ●□ ●□ ●●	0組 1組	4個
N	●● ●□ ●□ ●□ ●●	1組 1組	3個
O	●● ●● ●□ ●□ ●●	2組 1組	2個
F	●● ●● ●● ●□ ●●	3組 1組	1個

2-4 炭素ってどんな原子？

炭素原子はイオンになりにくい

炭素原子が閉殻構造をとるためには、どうしたらよいでしょう。

OやFのような陰イオンになるためには、4個の電子を受け入れて、C^{4-}とならなければなりません。しかし、電子のマイナス電荷の間の静電反発力のため、不安定となるので、安定に存在できるとは思えません。一方、LiやBeのように陽イオンになるためには、4個の電子を放出しなければなりません。C^{4+}では小さい体積に大きな電荷があることになり、これも安定とは思えません。

ということで、炭素はイオンになる性質はほとんどありません。

炭素原子の電気陰性度

炭素の電気陰性度は2.5です。炭素と結合して有機化合物を作る原子はH(電気陰性度＝2.1)、N(3.0)、O(3.5)、F(4.0)、Cl(3.5)などです。水素を除くと、他の原子はすべて炭素より電気陰性度が大きいのです。

ということは、炭素はこれらの原子と電子の取り合いをしたときには必ず負けることになっているのです。かわいそうですが、これも運命です。しかし、このことが有機化合物の性質に大きく影響することになります。

電子を引っ張る力が弱い炭素

だれとやっても負けてしまう！

第3章
化学結合と分子

1 化学結合って何のこと？
2 炭素の結合ってどんなもの？
3 飽和・不飽和結合って何のこと？
4 ほかにはどんな結合があるの？

3-1 化学結合って何のこと？

　有機化合物は炭素を含む分子です。何種類かの原子が複数集まり、互いに結合して作られた構造体です。それでは「結合」とは何でしょう。それをここで見ていくことにしましょう。

結合とは？

　結合とは、原子と原子を結びつける力のことをいいます。私たちの身の回りで2個の物体を結びつける力としては、万有引力や磁力や静電引力があります。原子の間の結合も、そのようなものの一種と考えられますが、万有引力や磁力などと比べて違いがあります。
　① 力が強いこと
　② 短い距離の間ではたらくこと
　これが結合の特徴です。

　結合にはいろいろの種類があります。そのおもなものを表に示しました。まず、原子間にはたらくものと、分子間にはたらくものに大きく分けることができます。このうち、分子間にはたらくものは一般的に弱く、結合というよりは引力といったほうがふさわしいようなものです。これ

結合の種類

	結合名			例
原子間	イオン結合			Na^+Cl^-
	金属結合			Fe
	共有結合	飽和結合	単結合	H_3C-CH_3
		不飽和結合	二重結合	$H_2C=CH_2$
			三重結合	$HC\equiv CH$
			共役二重結合	$H_2C=CH-CH=CH_2$，ベンゼン
分子間	水素結合			$H_2O\cdots H_2O$
	ファンデルワールス引力			$CH_4\cdots CH_4$

をとくに**分子間力**ということがあります。

原子間にはたらく結合には、**金属結合**、**イオン結合**、**共有結合**などがあります。

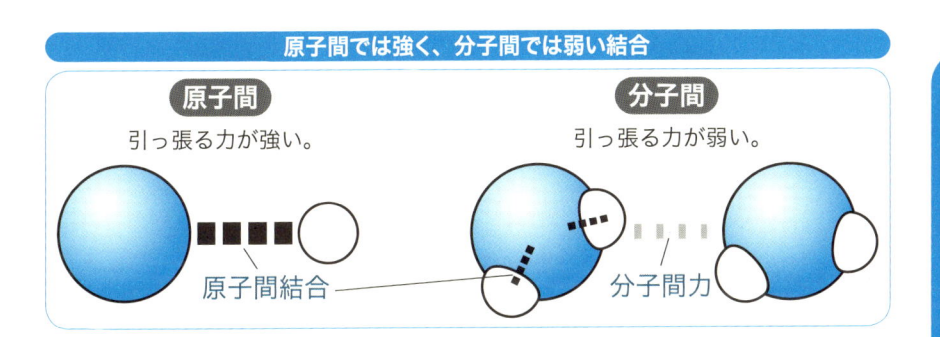

原子間では強く、分子間では弱い結合

原子間 引っ張る力が強い。 原子間結合

分子間 引っ張る力が弱い。 分子間力

● 金属結合

　金属結合は、金属原子を結びつけて固体金属や結晶金属を作る結合です。金属結合は金属の持つ柔軟さ、熱伝導率、電気伝導率の高さなどの性質を決定するものですが、有機化合物の結合にはあまり関与しませんから、ここではこれ以上の説明は止めておきましょう。あとの章で必要になったら、そのつど説明することにします。

● イオン結合

　イオン結合の典型的な例は塩化ナトリウム（食塩）NaClです。塩化ナトリウムはCl⁻（陰イオン）とNa⁺（陽イオン）からできています。陰電荷と陽電荷の間には静電引力がはたらきます。これを**イオン結合**というのです。

　静電引力ですので、引力に方向性はありません。どの方向であろうと、距離が等しければ等しい引力がはたらきます。また、周りに何個のイオンがあろうと、距離が等しければ等しい引力がはたらきます。これを飽和性がないといいます。方向性がないことと飽和性がないこと、これがイオン結合の大きな特色であり、次に見る共有結合との大きな違いになります。

イオン結合の特徴

陽イオン　陰イオン
陽イオンと陰イオンが静電引力で引き合う。

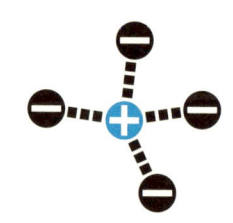

方向性がない
距離が同じなら、どの方向にも同じ力

飽和性がない
相手がいくつあっても同じ力

◑ 共有結合

　共有結合の典型は水素分子の結合です。2個の水素原子Hが結合して、水素分子H_2になる様子を見てみましょう。

　水素原子にはs軌道があり、1個の電子が入っています。二つの水素原子が近づくと、この軌道が重なり、やがて融合して1個の大きな軌道になります。これは2個の小さなシャボン玉がくっついて、1個の大きなシャボン玉になる様子に例えてみることができます。この新しくできた軌道は水素分子に属する軌道なので、とくに**分子軌道**といわれます。

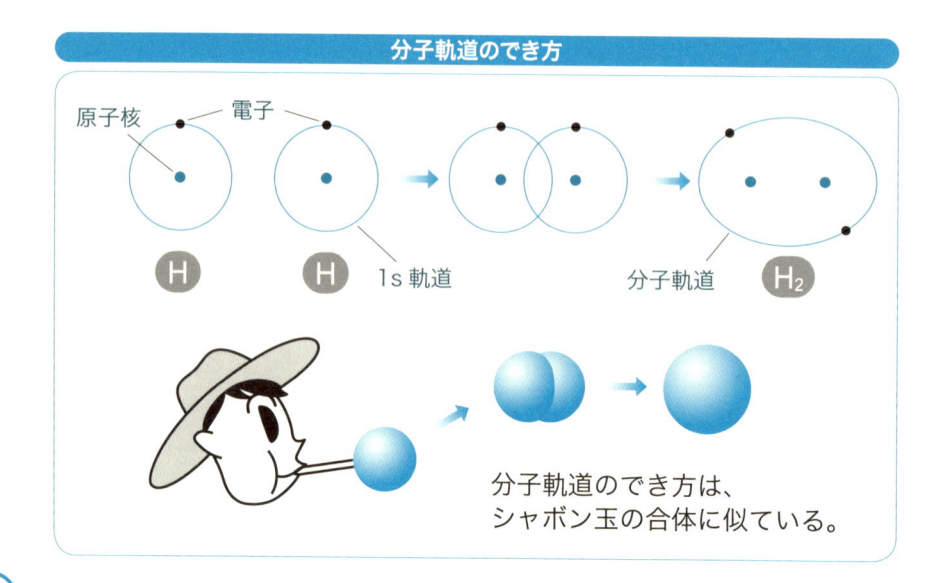

分子軌道のでき方

原子核　電子

H　H　1s軌道　　分子軌道　H_2

分子軌道のでき方は、シャボン玉の合体に似ている。

分子軌道ができると、2個の水素原子が持っていた合計2個の電子は分子軌道に移動します。そして、この電子が結合を形成することになるので、この電子を**結合電子**といいます。

共有結合の結合力

　図は、共有結合の結合力の本質を説明した模式図です。結合電子は、おもに2個の水素原子核の間に存在します。すると、原子核のプラス電荷と電子のマイナス電荷の間に静電引力がはたらきます。

　プラスに荷電した原子核の間には本来反発力がはたらくのですが、このように、間にマイナス電荷の電子があることによって、電子を仲立ちとして結合するのです。これは、あまり仲の良くない両親でも、子供を仲立ちとしてうまく家庭を維持しているのに似ています。これが共有結合の本質です。

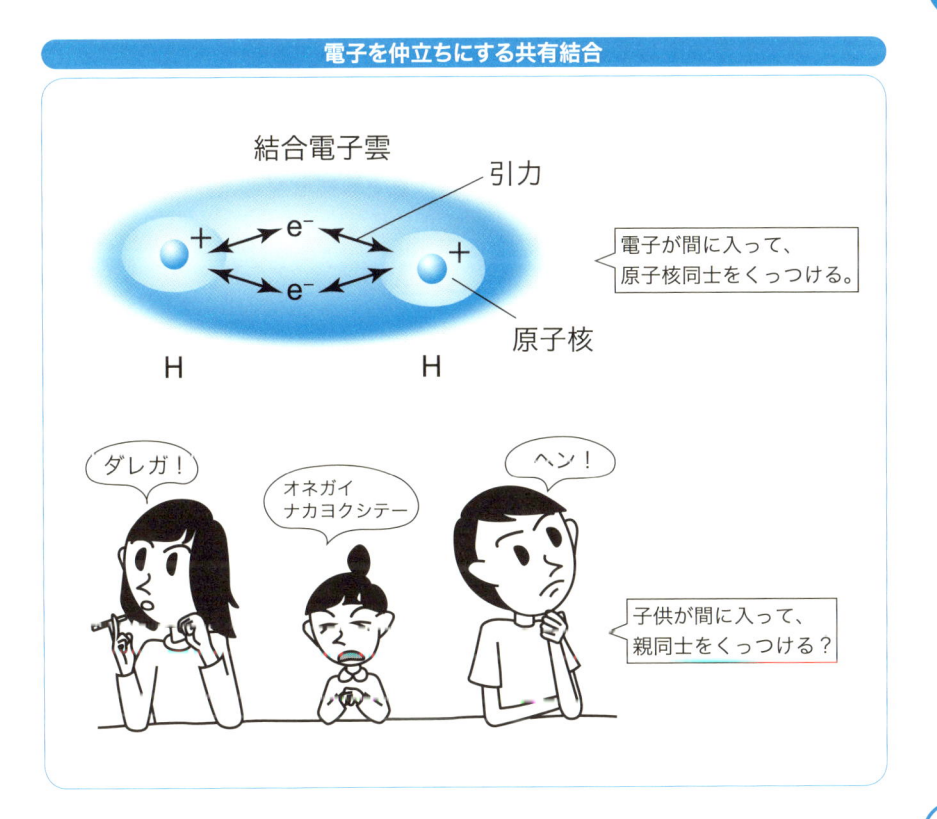

電子を仲立ちにする共有結合

結合電子雲
引力
e^-
e^-
原子核
H　　H

電子が間に入って、原子核同士をくっつける。

ダレガ！
オネガイ ナカヨクシテー
ヘン！

子供が間に入って、親同士をくっつける？

3-2 炭素の結合ってどんなもの？

炭素原子はイオンになることができません。そのため、炭素の作る結合はほとんどの場合、共有結合になります。有機化合物は共有結合でできた分子なのです。

結合手

水素分子の結合で見たように、共有結合をする原子は互いに軌道を重ねて1個ずつの電子を出し合い、それを共有して結合します。そのため、共有結合するためには1個の軌道に1個だけ入った電子、**不対電子**が必要になります。したがって、不対電子を2個持つ原子は2本の共有結合を作ることができます。

原子が持つ不対電子の個数を**原子価**といいます。原子は原子価の数だけ共有結合を作ることができます。構造式では結合を1本の線で表しますが、これを**価標**といいます。共有結合は原子の握手に例えることができるので、価標のことを**結合手**ということもあります。

不対電子の数だけ握手できる

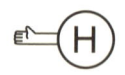

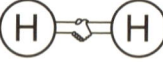

結合手（価標）

不対電子があると、だれかとつながるために結合手を持つ。

原子	H	C	N	O	F	Cl
不対電子数	1	4	3	2	1	1
結合手の数	1	4	3	2	1	1

メタンの結合

炭素は4個の不対電子を持っているので、価標、結合手も4本となり

ます。この結合手は互いに109.5°の角度を持っています。この結合手の方向は、海岸に置いてある波消しブロックのテトラポッドと同じになっています。したがって、炭素の結合手の端を結ぶと正四面体になります。

最も簡単な構造の有機物はメタンCH_4でしょう。このように、炭素と水素だけでできた化合物を**炭化水素**といいます。メタンは炭素の4本の結合手がそれぞれ1個ずつの水素と結合したものです。そのため、メタンの形はテトラポッド型であり、正四面体型ということになります。

メタンの正四面体構造は、炭素の結合手方向による

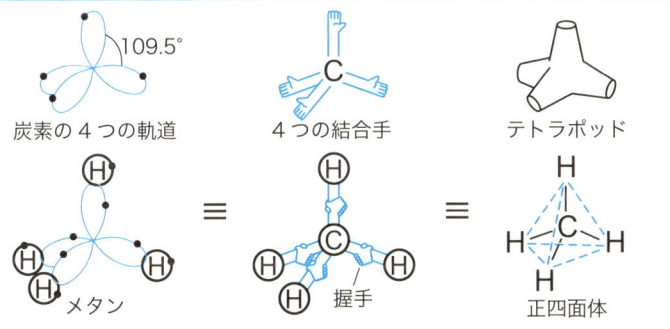

炭素の4つの軌道　　4つの結合手　　テトラポッド

メタン　　握手　　正四面体

炭素の不対電子の軌道（結合手）方向が図のようになっているので、水素原子が4つ結合したメタンは正四面体構造をとる。

● エタンの結合

次の図はメタンから1個の水素を外したものです。炭素には3個の水素が結合し、結合していない不対電子が1個残っています。これは結合手になりますから、この炭素は3本のC–H結合と1本の結合手を持っていることになります。

このような分子種を**メチルラジカル**といいます。一般に結合していない結合手を持っている分子種を**ラジカル**といい、結合していない不対電子を**ラジカル電子**といいます。ラジカルは不対電子で結合を作ろうとする傾向が強いので、反応性が高く、非常に不安定であり、長時間存在することはできません。

3-2 炭素の結合ってどんなもの？　49

メチルラジカル

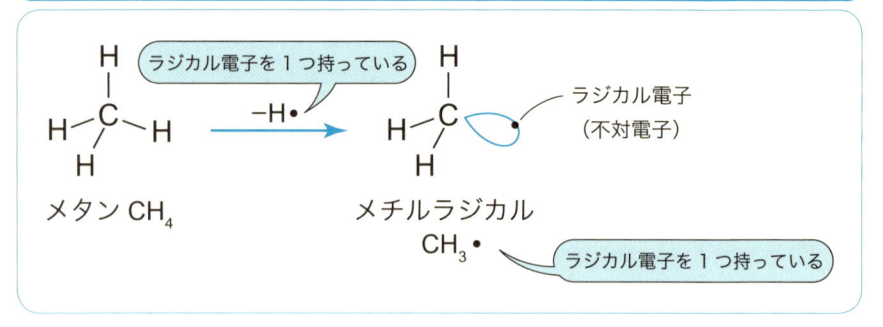

H─C(H)(H)─H (メタン CH₄) ─−H•→ H─C(H)─H (メチルラジカル CH₃•)

ラジカル電子を1つ持っている
ラジカル電子（不対電子）
ラジカル電子を1つ持っている

メチルラジカルが2個結合すると、エタン H_3C-CH_3 となります。エタンの結合手の角度はメタンと同じですから、エタンのすべての結合角度は109.5°となっています。

メチルラジカルとエタン

H─C•(H)(H) + •C(H)(H)─H → H─C•(H)(H)•C(H)(H)─H → H─C(H)(H)─C(H)(H)─H

メチルラジカル　　　　　エタン

● 結合回転とエネルギー

　エタンのC–C結合は回転することができます。片方のCH_3を固定して、もう片方のCH_3を回転し、結合をねじることができるのです。
　この結果、エタンの形には次の図の①と②の両方ができることになります。①では、両方の炭素についた水素が互いに重なっているので、**重なり型**といいます。それに対して、②では互いにねじれているので、**ねじれ型**といいます。このような構造の違いを**回転異性体**といいます。
　回転異性体を表現する便利な表現法があります。**ニューマン投影式**といわれるものです。図の円は炭素を表し、C–Hの結合を表す直線が2

種類あります。一種は円の中心から出ており、もう一種は円の端から出ています。中心から出ているのが手前の炭素についた結合であり、端から出ているのは後ろに隠れた炭素についた結合です。

　水素が重なった「重なり型」は水素同士の立体反発があるため、ねじれ型より不安定で高エネルギーです。グラフはC–C結合のねじれ角度とエネルギーの関係を表したものです。60°ごとに上下運動を繰り返しています。したがって、エタンのC–C結合の回転はスムースな回転というよりは、ラチェット（爪車：歯車の一種）の回転のように、クリッ、クリッという、何か引っかかるような回転といったほうがよいのかもしれません。

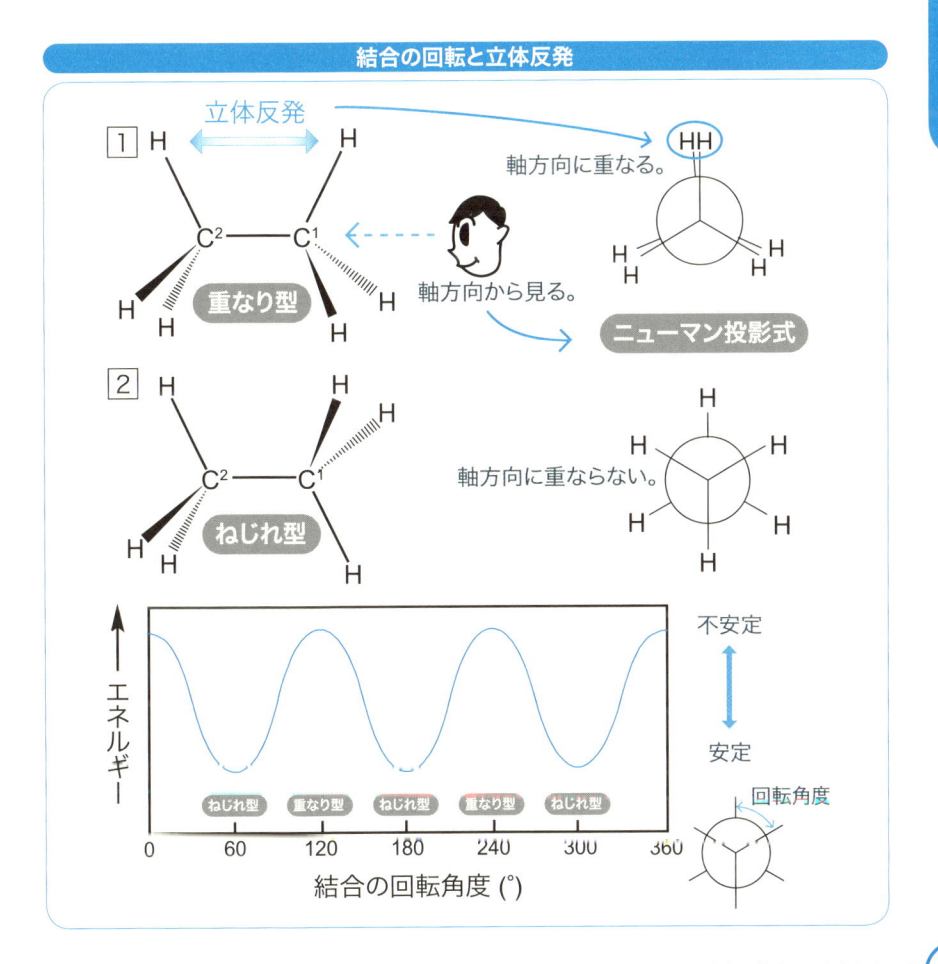

結合の回転と立体反発

1 重なり型：軸方向に重なる。→ ニューマン投影式

2 ねじれ型：軸方向に重ならない。

エネルギーと結合の回転角度（°）のグラフ：
- 0°：ねじれ型
- 60°：重なり型
- 120°：ねじれ型
- 180°：重なり型
- 240°：ねじれ型
- 300°：重なり型
- 360°：ねじれ型

不安定 ↕ 安定

3-2 炭素の結合ってどんなもの？

3-3 飽和・不飽和結合って何のこと？

有機化合物の構造は炭素間の結合をもとにして作られていますが、この結合には、**単結合**、**二重結合**、**三重結合**などがあります。単結合は前節で見たエタンのC–C結合のように、1本ずつの結合手で結ばれたもので、**飽和結合**ともいわれます。それに対して、二重結合、三重結合はそれぞれ2本ずつ、3本ずつの結合手で結合したもので、**不飽和結合**ともいわれます。

二重結合

二重結合は、2個の炭素が2本ずつの結合手を出して、2本の共有結合を作って結合したものをいいます。

二重結合を有する分子の代表はエチレン $H_2C=CH_2$ です。この分子は二重結合の結果、図に示したように、6個の原子がすべて同一平面上に載った構造、すなわち平面形をしています。結合角度は∠HCH=109.5°、∠HCC=125°となりそうに思えますが、実際にはすべての角度がほぼ120°となっています。

エチレンの構造

電子雲表示

Cの原子核　Cの電子軌道
2つの不対電子の軌道が相互作用する。

構造式表示

結合形成→

二重結合が形成され、エチレンができる。（すべての原子が同一平面上に並ぶ）

二重結合の電子雲

　前の説明は二重結合の形など、構造的な面は十分に説明できるのですが、二重結合の性質、反応性を検討しようとする場合には不十分です。二重結合を正確に理解するためには、二重結合を構成する電子雲の形を見ておく必要があります。そのために、基本的な結合の**結合電子雲**を見ておきましょう。

A　H–H結合

　水素分子の電子雲は紡錘形(ぼうすいけい)です。中心は2個の水素原子を結ぶ線、結合軸と一致します。このような結合電子雲を**σ（シグマ）結合電子雲**といい、σ結合電子雲によって作られる結合を**σ結合**といいます。σ結合のいちばんの特徴は、エタンで見たように、結合回転が可能ということです。

B　C–H結合

　C–H結合もσ結合です。ですから、結合電子雲は紡錘形であり、結合回転が可能です。

C　C–C結合

　これもσ結合です。つまり、単結合はすべてσ結合であり、σ結合電子雲でできているのです。

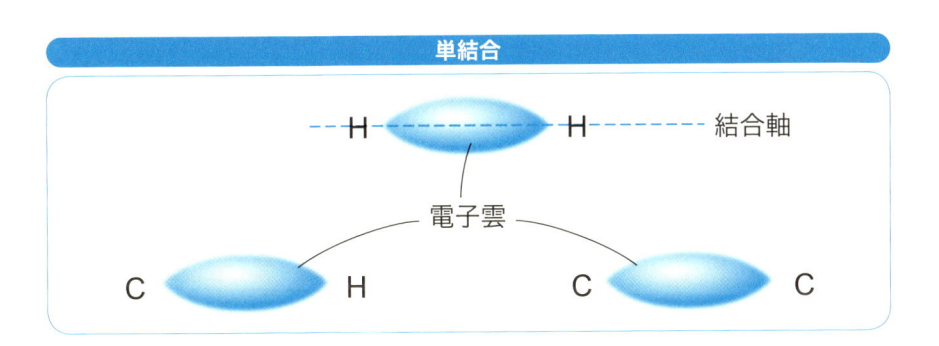

単結合

H──H ──── 結合軸
電子雲
C──H　　C──C

D　C=C結合

　二重結合の電子雲はチョット複雑です。というのは二重構造だからです。1本はσ結合です。ですから、CC間にはσ結合電子雲が存在しま

す。そして、もう1本の結合が、σ結合ではなく、**π(パイ)結合**といわれるものです。

π結合電子雲は2カ所に分かれて存在します。σ結合の上と下です。この2カ所の結合電子雲を合わせて、初めてπ結合が成立します。上だけのπ結合電子雲で0.5本分のπ結合、というわけにはいきません。

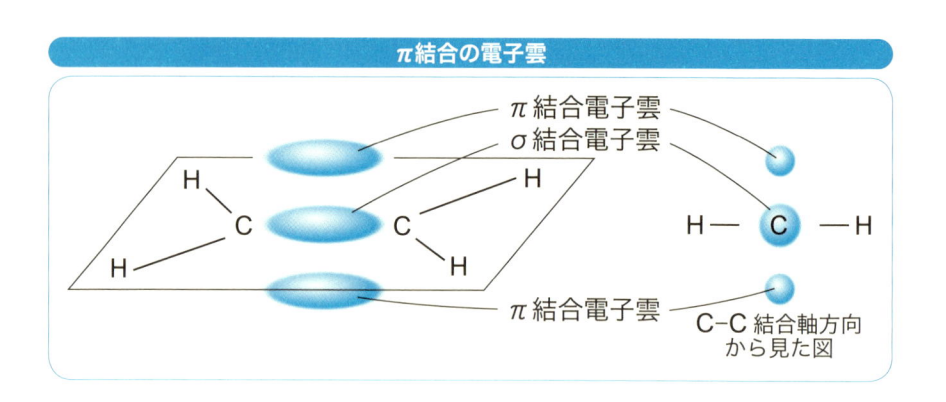

π結合の電子雲

- π結合電子雲
- σ結合電子雲
- π結合電子雲
- C-C結合軸方向から見た図

🔵 結合回転と異性体

二重結合をねじろうとすると、π結合が切れてしまいます。そのため、二重結合は回転できません。このように、回転できないということがπ結合の最大の特徴です。

ですから、二重結合に原子A、Bが結合した分子 1 (シス体)と 2 (トランス体)はまったく違う分子ということになります。

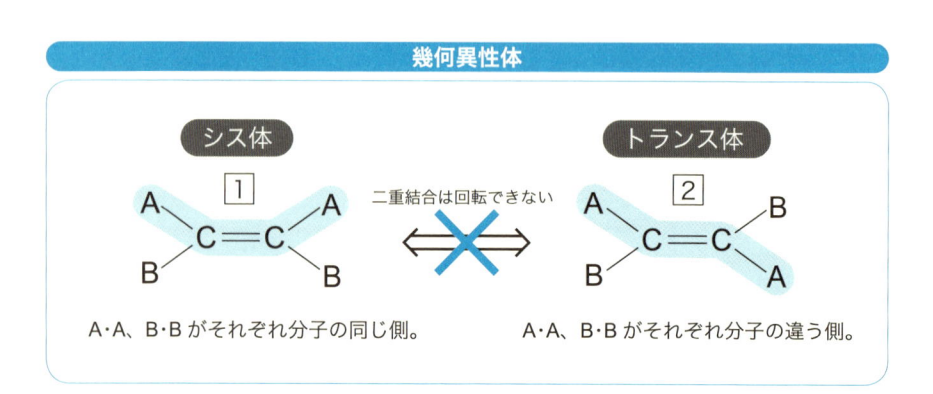

幾何異性体

シス体 1
A·A、B·Bがそれぞれ分子の同じ側。

二重結合は回転できない

トランス体 2
A·A、B·Bがそれぞれ分子の違う側。

三重結合

　三重結合は、2個の炭素が3本ずつの結合手を出して、3本の共有結合を作って結合したものをいいます。

　三重結合で結合した分子の代表はアセチレン$HC≡CH$です。この分子は、三重結合の結果、図に示したように、4個の原子が一直線に連なった形をしています。三重結合は1本のσ結合と2本のπ結合からできていますが、π結合は互いに融合して円筒状をしていると考えられます。この結果、三重結合は回転可能と思われますが、検証のしようはありません。

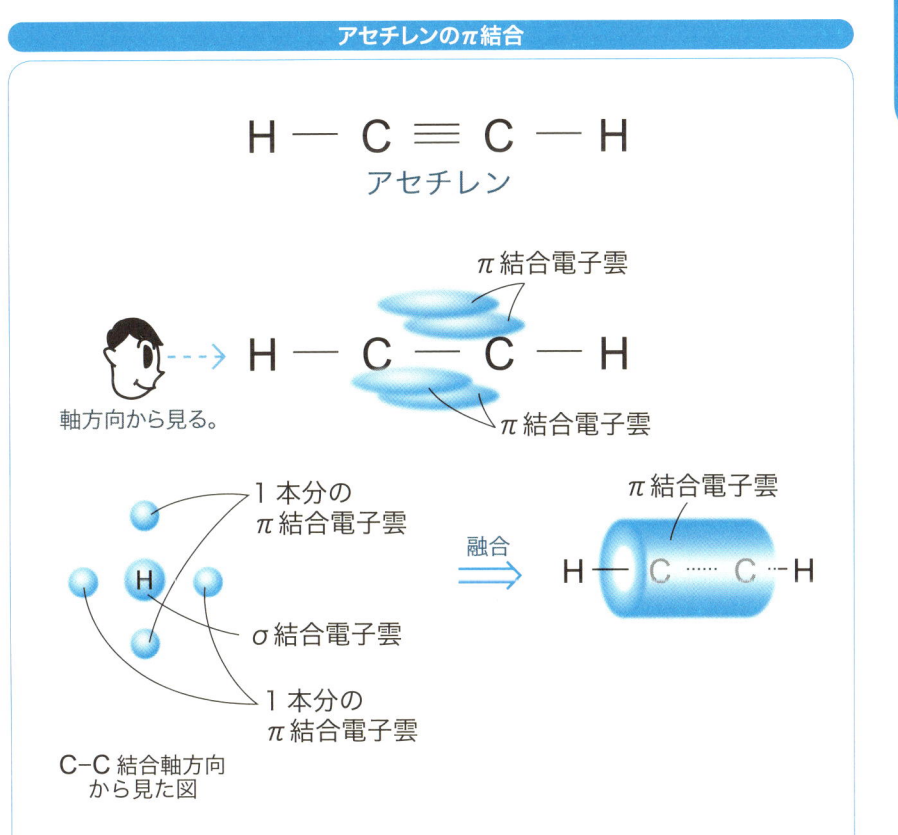

アセチレンのπ結合

H―C≡C―H
アセチレン

軸方向から見る。 H―C―C―H
π結合電子雲
π結合電子雲

C–C結合軸方向から見た図
1本分のπ結合電子雲
σ結合電子雲
1本分のπ結合電子雲

融合 ⇒ H―C……C―H
π結合電子雲

3-4 ほかにはどんな結合があるの？

ここまでに単結合、二重結合、三重結合を見てきました。結合にはこれら以外にも、重要な結合があります。

🔵 共役二重結合

共役二重結合

$H_2C=CH-CH=CH-CH=\cdots=CH_2$
  ❷   ❶ ❷ ❶ ❷

二重結合と単結合が交互につながる

ブタジエン

$H_2C^1=C^2H-C^3H=C^4H_2$
   ❷   ❶   ❷

二重結合と単結合が交互に連結した結合があります。このような結合を**共役二重結合**といいます。ブタジエンは共役二重結合をもつ分子で最も小さいものの一つです。

ブタジエンには C^1 から C^4 までの4個の炭素があります。上の図に示すように、4個の炭素のうち、C^1–C^2 間、C^3–C^4 間は二重結合ですが、C^2–C^3 間は単結合です。

🔵 単結合と二重結合の中間

次の図1はブタジエンのσ結合電子雲を表したものです。4個の炭素と6個の水素は、すべてσ結合で結びつけられています。このような骨格をとくに**σ骨格**といいます。

図2はブタジエンのπ結合電子雲を表したものです。図を見やすくするために、σ結合を直線で表しています。ここで注意してほしいのは、π結合電子雲が分子の端から端まで、切れ目なく連続していることです。当然、C^2-C^3間にもπ結合電子雲が存在します。

　ということは、C^2-C^3間の結合は、σ結合とπ結合で二重に結合されていることになります。これは二重結合ということではないでしょうか。

　共役二重結合は特殊な結合です。共役二重結合の単結合は単純な単結合ではないのです。それはいくらかのπ結合を伴った、いくぶん"二重結合性を帯びた単結合"なのです。共役二重結合の二重結合も同様です。二重結合部分のπ結合電子雲は単結合部分に"流れて"いきます。この結果、二重結合部分のπ結合電子雲は少なくなります。そのため、二重結合は"いくぶん単結合性を帯びた二重結合"となります。

　この結果、共役二重結合の単結合と二重結合には大きな違いはなくなります。共役二重結合は全体が1つの結合であり、そこでは単結合部分も二重結合部分も大きな違いはなくなっているのです（図3）。

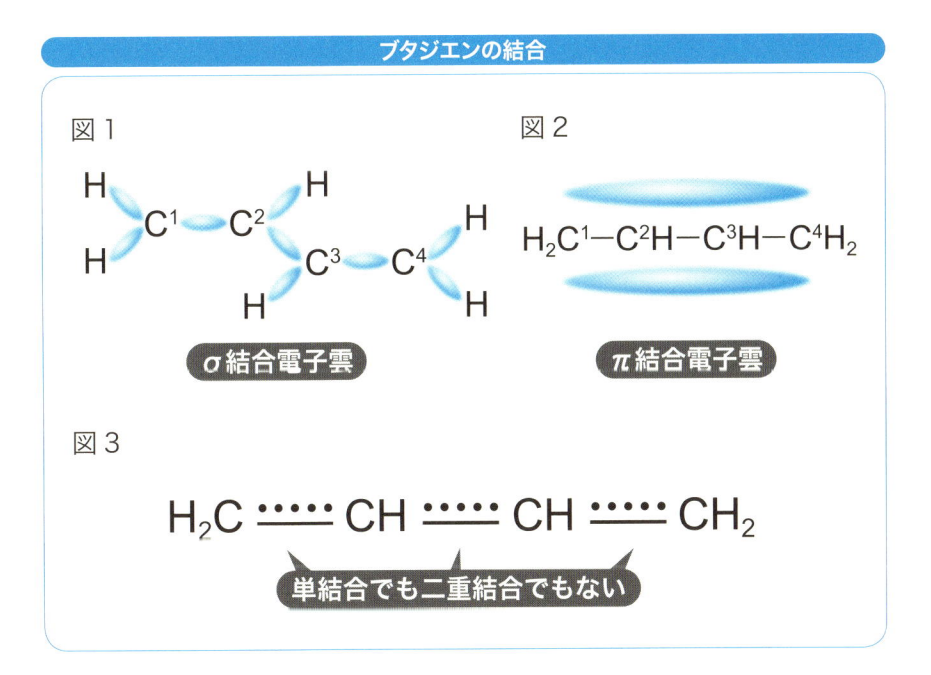

ブタジエンの結合

図1

σ結合電子雲

図2

H_2C^1-C^2H-C^3H-C^4H_2

π結合電子雲

図3

H_2C ····· CH ····· CH ····· CH_2

単結合でも二重結合でもない

芳香族の結合

ベンゼンは**芳香族化合物**の典型です。芳香族化合物とは環状の共役化合物で、環内に3本、5本、7本など、$2n+1$本（nは正の整数）の二重結合を持った化合物のことです。

ベンゼンは、図1のように、6個の炭素と6個の水素からできた環状化合物です。炭素間の結合は、1本おきに単結合と二重結合を繰り返した共役二重結合であり、3本の二重結合があります。この結合状態を通常は簡単に図2で表します。しかし、ベンゼンの結合は共役二重結合ですから、単結合と二重結合の区別はありません。このような状態を表すため、ベンゼンの構造は図3で表すこともあります。

図4はベンゼンのπ結合電子雲を表したものです。環全体を取り巻くドーナツ状の電子雲が2個、炭素環をサンドイッチしています。

ベンゼンの表し方とπ結合

共有結合とイオン結合の中間

水素分子H_2のσ結合電子雲は先に図で見たとおりです。塩化水素HClの結合電子雲はどうなっているでしょうか。H–Cl結合も単結合でσ結合ですから、結合電子雲は紡錘形です。しかし、H–H結合の結合電子雲とは違いがあります。

それは、電気陰性度です。H–Hでは当然、両方の原子の間に電気陰性度の違いはありません。しかし、H–Clでは違いがあります。Hの電気陰性度は2.1であり、Clは3.0です。この結果、図のようにH–Cl間のσ結合電子雲はClのほうに引き寄せられ、左右対称ではなくイビツになります。

Clのほうは電子が多くなってマイナスに荷電し、Hは電子が少なくなってプラスに荷電します。これは、H–Cl間の結合が単なる共有結合ではなく、共有結合とイオン結合の中間であることを示すものです。

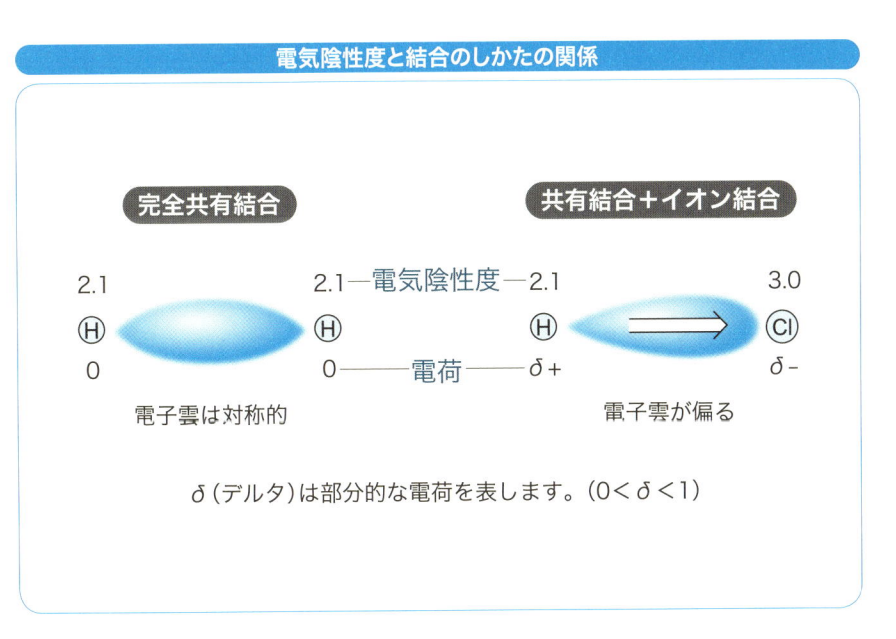

電気陰性度と結合のしかたの関係

完全共有結合

2.1　　　　　2.1 ― 電気陰性度 ― 2.1　　　　　3.0
Ⓗ　　　　　Ⓗ　　　　　　　　　　　Ⓗ　→　ⒸⓁ
0　　　　　　0 ―――― 電荷 ―――― $\delta+$　　　　$\delta-$

電子雲は対称的　　　　　　　　　　　　電子雲が偏る

共有結合＋イオン結合

δ(デルタ)は部分的な電荷を表します。($0 < \delta < 1$)

column コラム

σ結合とπ結合（1）

　エタンをC–C結合のところで切ってみましょう。H₃C・という原子団が2個できます。これはメチルラジカルですから、ラジカル電子を持っています。このラジカル電子の入った野球のバットのような"入れ物"を**混成軌道**といいます。そして、軌道と電子をあわせて"**結合手**"というのです。

　σ結合は、このバット型の軌道が重なることによって形成されます。ですから、結合電子雲は結合軸に沿って紡錘形になるのです。

　同じようにエチレンを二重結合で切ってみましょう。H₂C:という原子団が2個できます。":"は、二重結合を構成する4個の結合電子が2個ずつに分かれたことを意味します。

　図は、このH₂C:原子団を表したものです。バットのようなもの（色の濃い部分）はメチルラジカルの場合と同じように混成軌道です。そして、2個のお団子からできたみたらしのようなもの（色の薄い部分）も軌道なのです。この軌道は2個のお団子を合わせて1個の軌道です。この軌道を**p軌道**といいます。

p軌道の形成

エタン → メチルラジカル　電子／混成軌道｝結合手

エチレン → p軌道

第4章
有機化合物の構造式

1 分子って何だろう？
2 分子構造って何だろう？
3 イオンやラジカルって何だろう？
4 異性体って何のこと？

4-1 分子って何だろう？

有機化合物は炭素や水素などの原子が共有結合によって結合したものです。有機化合物にはメタンのように小さいものからタンパク質やDNAのように巨大なものまで多くの種類があります。

分子と化合物

分子にもいろいろの種類があります。分子を見ていく前に、それらの分類をしておきましょう。

A　分子

複数個の原子が結合した構造体です。最も広い定義になります。酸素分子 O_2、オゾン分子 O_3、メタン分子 CH_4、水分子 H_2O などがあります。

B　化合物

2種類以上の原子でできた分子を特に**化合物**といいます。したがって、メタン、水などが化合物になります。酸素、オゾンは分子ですが、化合物ではありません。

C　同素体

2種類以上の分子のうち、同じ原子だけでできていて、性質の異なるものを互いに**同素体**といいます。酸素とオゾンは同素体となります。

分子式と分子量

分子を構成する原子の種類と個数を表した記号を**分子式**といいます。CH_4はメタンの分子式であり、H_2Oは水の分子式となります。

分子を構成する原子の原子量の総和を**分子量**（Molecular Weight、MW）といいます。メタン（分子式CH_4）の分子量は、炭素（原子量＝12）1個と水素（原子量＝1）4個の原子量の和ですから、$MW = 12 + 4 \times 1 = 16$となります。同様に、水（分子式$H_2O$）ならば酸素の原子量は16ですから、$MW = 16 + 2 \times 1 = 18$となります。

分子式は原子の個数を表す

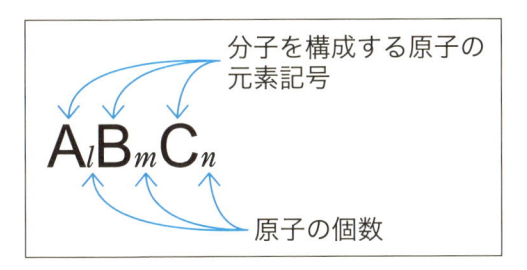

分子を構成する原子の元素記号

$$A_l B_m C_n$$

原子の個数

- H_2O：2個のHと1個のOからできている。
- $C_{12}H_{22}O_{11}$：12個のC、22個のH、11個のOからできている。

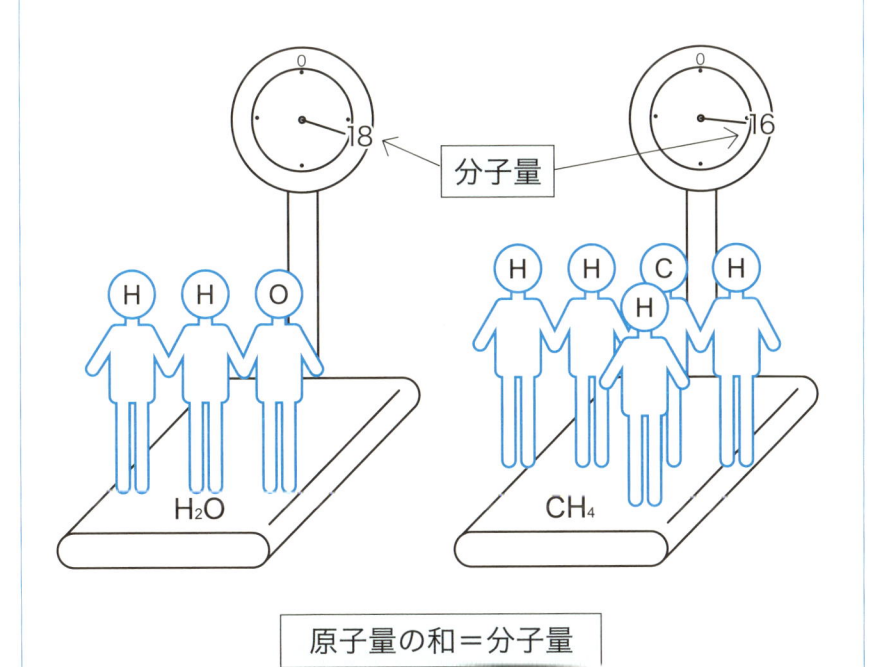

分子量

原子量の和＝分子量

4-1 分子って何だろう？

アボガドロ数

　第2章で見たように、1個の陽子、中性子、電子は、非常に小さい値ですが、質量を持っています。原子は陽子、中性子、電子でできていますから、1個の原子も当然ながら質量を持っています。分子はこのような原子が集まったものですから、1個の分子も質量を持っています。

　しかし、1個1個の分子は非常に軽いので、それを測定するというのは現実的ではありません。何個かをまとめて測定する以外にありません。何個をまとめればよいでしょうか。

　1個の水分子は軽いものですが、何個か集めれば1gになります。もっとたくさん集めれば18gになります。18gというのは水の分子量18にg（グラム）をつけたもので、何かと便利そうです。

　それでは、水分子の集合体全体の質量を18gにするためには、何個の水分子を集めればよいのでしょうか。6.02×10^{23}個です。この数字を、提唱者の名前を取って**アボガドロ数**といいます。

アボガドロ数だけ集めると分子量

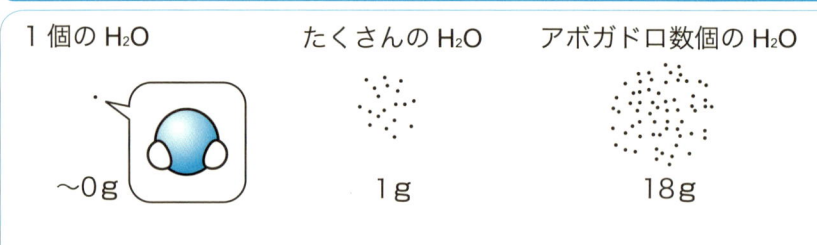

1個の H_2O	たくさんの H_2O	アボガドロ数個の H_2O
〜0g	1g	18g

アボガドロ数：6.02×10^{23}

モル

　原子や分子のアボガドロ数個の集団を**1モル**と約束します。これは、鉛筆12本の集合を1ダースと約束したのと同じことです。鉛筆が分子、12がアボガドロ数、ダースがモルになっただけです。

　ダースはいろいろなものの単位に使われます。同じ1ダースでも鉛筆

の1ダースとビールの1ダースでは質量(重さ)が異なります。これと同じように、同じ1モルでも、分子によって質量は異なります。

分子1モルの質量は分子量にgをつけたものになります。1モルの水は18gですが、1モルのメタンは16gであり、1モルの砂糖(スクロース、分子式：$C_{12}H_{22}O_{11}$、分子量：342)は342gとなります。ポリエチレンなどは1万個もの炭素でできていますから、1モルは100kg以上になります。

多くの有機化合物は、加熱すると気体になります。気体の体積は分子の種類に関係なく一定です。水素でもメタンでも、1モルの気体の体積は0℃、1気圧で22.4Lです。

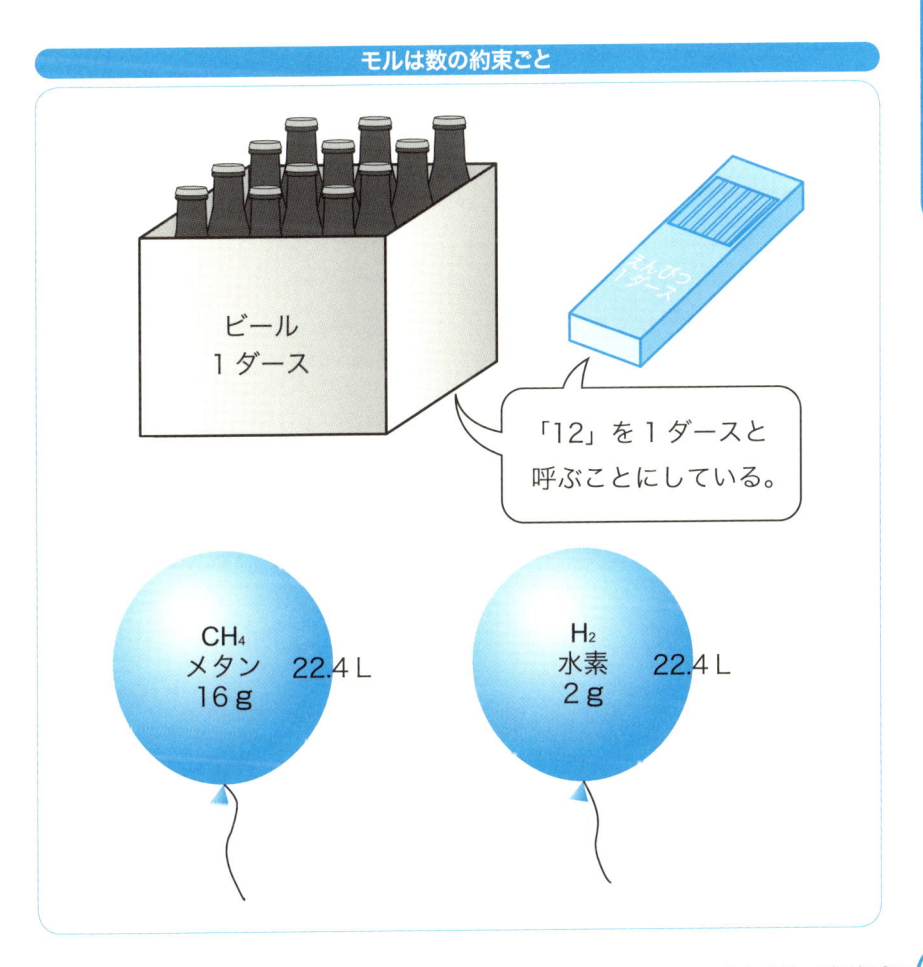

モルは数の約束ごと

ビール 1ダース

「12」を1ダースと呼ぶことにしている。

CH_4 メタン 22.4L 16g

H_2 水素 22.4L 2g

第4章 有機化合物の構造式

4-1 分子って何だろう？

4-2 分子構造って何だろう？

分子式を見ただけでは、分子の形、構造はわかりません。分子を作る原子がどのような順序で並んでいるか知る必要があります。そこで、原子の並び方を明らかにした記号を作り、**構造式**と呼ぶことにします。

🔵 分子構造

水の分子式はH₂Oですが、これだけでは3個の原子がH-H-Oと並んでいるのか、H-O-Hと並んでいるのか、あるいは三角形を作っているのかわかりません。そこで、きちんとH-O-Hの順で並んでいるのだ、と示す必要があります。これを**構造式**といいます。

しかし、もうお気づきでしょうが、酸素と水素の結合手の本数を知っていれば、水の構造はH-O-Hしかありえず、メタンの構造式だって、図に示したもの以外ありえないことは明らかです。したがって、これらのものは分子式＝構造式と考えることができます。

しかし、後に見るように、分子が大きくなって複雑になると、分子式を見ただけでは構造は見当もつかないことになります。砂糖の分子式C₁₂H₂₂O₁₁を見ただけで砂糖の構造がわかる人がいたら、ノーベル賞も近いでしょう。

分子式と構造式		
分子式	H₂O	CH₄	C₁₂H₂₂O₁₁
構造式	水	メタン	砂糖（スクロース）

分子の形

　分子の形を図で表す方法には何種類もあります。図1～図4はすべてメタンを表したものです。

メタンの表し方のいろいろ

図1

図2

図3

図4

ステレオ図

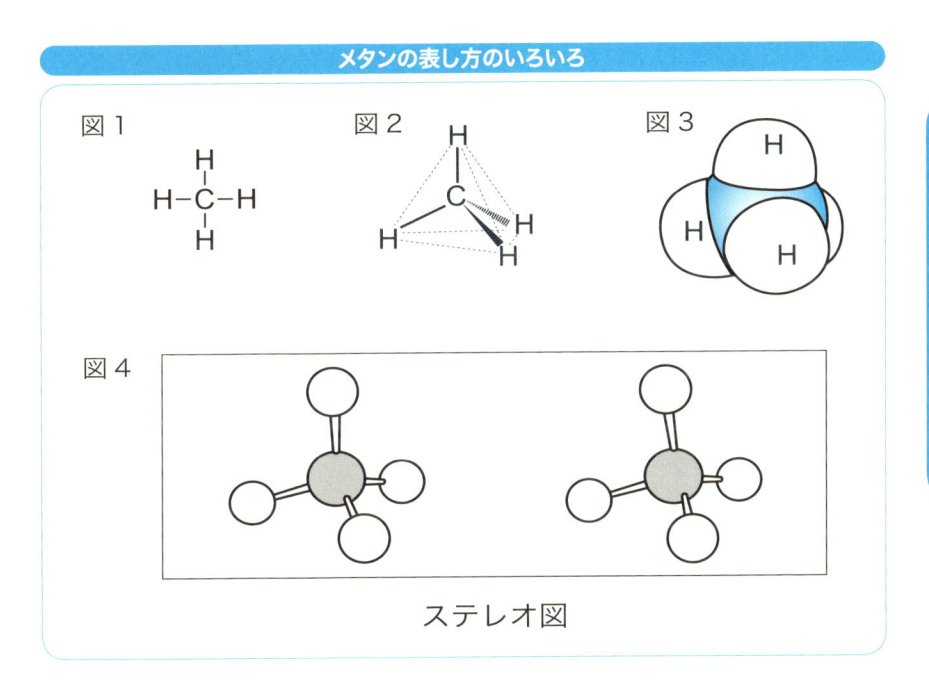

　図1は最も単純な表現法でしょう。この図が示すことは、炭素に4個の水素が結合しているということだけです。その結合角度、すなわち、分子の実際の形などについては何も教えてくれません。

　図2はかなり情報量が多くなっています。この図はメタンがテトラポッド型、あるいは正四面体型であり、結合角度が109.5°であることを教えてくれます。一般に、このような図では約束があります。それは実線で書いたC–H結合は紙面上にあり、楔形で書いたものは紙面から手前に飛び出し、点線で書いたものは紙面の奥に伸びるというものです。そのようにして見ると、分子の形がより立体的に見えるのではないでしょうか。

　図3は空間充填模型といわれるものです。原子、分子の実際の体積を

表しています。分子の形はよくわかりますが、結合角度などの細かい点はわかりにくくなっています。

　図4はステレオ図(3D)です。"遠くを見る目つき"のまま図を見ると、図が重なって立体的に見えます。下の図はちょっと複雑ですが、シクロヘキサンという分子の3D図です。有機化合物は立体的なものなのだということがよくわかります。

立体的な構造の表現

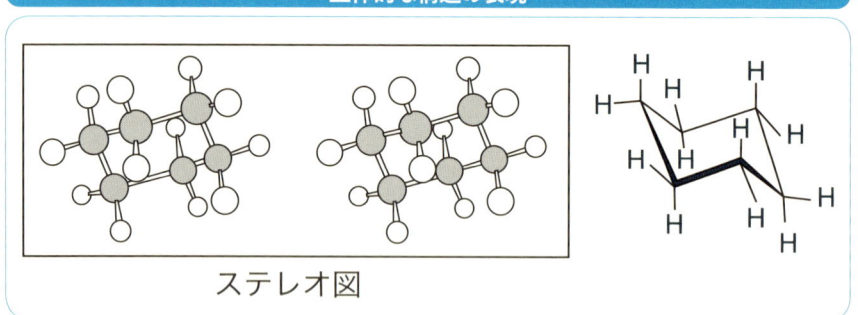

ステレオ図

構造式の書き方

　構造式にはいろいろの種類があります。いちばん丁寧な書き方は、原子の結合手すべてについて、その結合相手を示す方法でしょう。さきほどの図1や図2のような書き方です。しかし、もっと大きな分子になると複雑になり、書くほうは水素の記号Hがぶつかって大変ですし、見るほうもゴチャゴチャして、なんだかよくわかりません。

　そこで、もっと見やすい表記法はないものか、として考案されたのが表のカラム2の表記法です。カラム1に比べて、ずいぶんスッキリはしましたが、しかしこれでも複雑な分子構造を表すときには煩雑です。そこで発明された究極の簡単構造式がカラム3になります。ここには炭素Cも水素Hも書いてありません。直線だけです。

　この構造式には約束があります。それは、

① 直線の両端と屈曲部には炭素がある。
② 単結合は一重線、二重結合、三重結合はそれぞれ二重、三重線で書

く。
③ すべての炭素には結合手を満足するだけの水素がついている。

というものです。このように約束すると、必ずカラム３の構造式とカラム１の構造式は１：１で対応します。複雑な構造の有機化合物は、実際のところ、カラム３の方法以外で書くのは無理です。本書でも、後に進むと、構造式はこの書き方で表すことになります。

いろいろな構造式の表現

種類		名前	分子式	カラム１	カラム２	カラム３
飽和化合物	アルカン	メタン	CH_4	H-C-H (with H above/below)	CH_4	
		プロパン	C_3H_8	H-C-C-C-H (with H's)	CH_3-CH_2-CH_3	
		メチルプロパン	C_4H_{10}	構造式	CH_3-$CH(CH_3)$-CH_3	
	シクロアルカン	シクロブタン	C_4H_8	環状構造式	H_2C-CH_2 / H_2C-CH_2	□
不飽和化合物	アルケン	プロペン	C_3H_6	構造式	$H_2C=CH-CH_3$	
	アルキン	プロピン	C_3H_4	H-C≡C-C-H	$HC≡C-CH_3$	≡—
	共役化合物	ブタジエン	C_4H_6	構造式	$H_2C=CH-CH=CH_2$	
		芳香族化合物 ベンゼン	C_6H_6	環状構造式	HC=CH環状	⬡

4-2 分子構造って何だろう？ 69

4-3 イオンやラジカルって何だろう？

　一般に、分子というときにはいくつかの条件があります。それは、
① 分子全体として電気的に中性である。
② 分子を構成するすべての原子は、結合手を満足する結合をしている。
というものです。しかし、これらの条件を満足しない原子集団があります。そのようなものを一般に**分子種**といいます。

● ラジカル

　分子から原子が外れて、不対電子が残ったものを一般に**ラジカル**、不対電子を**ラジカル電子**といいます。ラジカルは電気的に中性です。

　ラジカルの典型的な例は、先に見たメチルラジカル$CH_3\cdot$です。これはメタンCH_4から水素原子Hが取れて原子団CH_3が残り、そこにC–H σ結合を作っていた2個の結合電子のうちの1個が残って、$CH_3\cdot$となったものです。ということは、外れたHには結合電子の片方がついて行き、$H\cdot$となっているはずです。これは水素原子そのものですが、不対電子を持っているので、**水素ラジカル**と呼ばれることもあります。

　ラジカルは一般に激しい反応性を持ち、不安定ですので、取り出して研究することはできません。

● イオン

　メタンの水素1個が結合電子をCH_3原子団に残したまま外れたとしましょう。Hは電子がなくなりますので、原子核の+1電荷を中和するものがなくなります。そのため、H^+として陽イオンとなります。それに対して、CH_3には電子が2個残りますから、マイナス電荷が過剰になり、−1の電荷を持った陰イオンCH_3^-になります。

　もし反対に、水素が2個の結合電子を持ったまま外れれば、水素が陰イオンH^-になり、CH_3部分が陽イオンCH_3^+となります。

　炭素化合物の陽イオンを**カルボカチオン**、陰イオンを**カルボアニオン**

ということがあります。

ラジカルとイオン

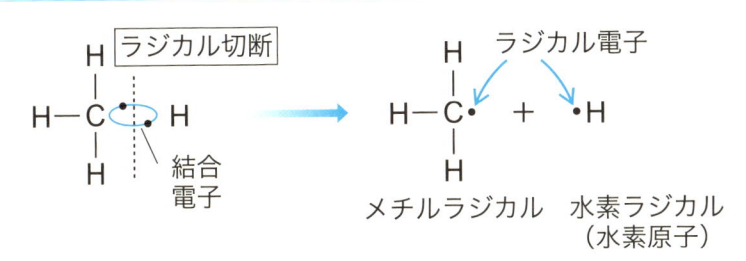

ラジカル切断

$CH_4 \rightarrow CH_3\cdot + \cdot H$

メチルラジカル　水素ラジカル（水素原子）

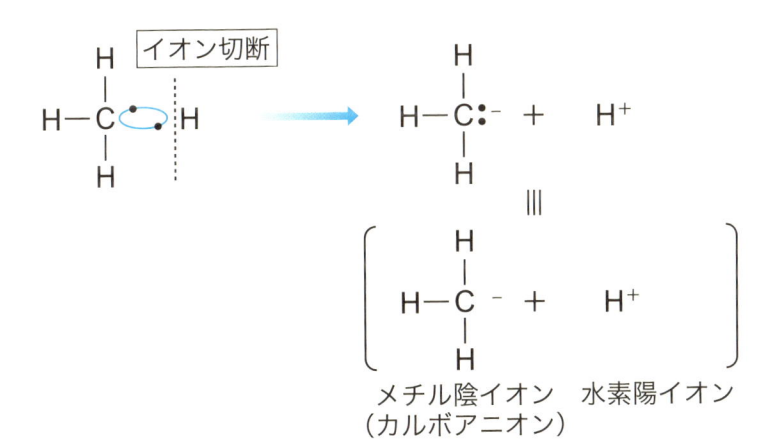

結合電子／ラジカル電子

イオン切断

$CH_4 \rightarrow CH_3{:}^- + H^+$

≡

$CH_3^- + H^+$

メチル陰イオン（カルボアニオン）　水素陽イオン

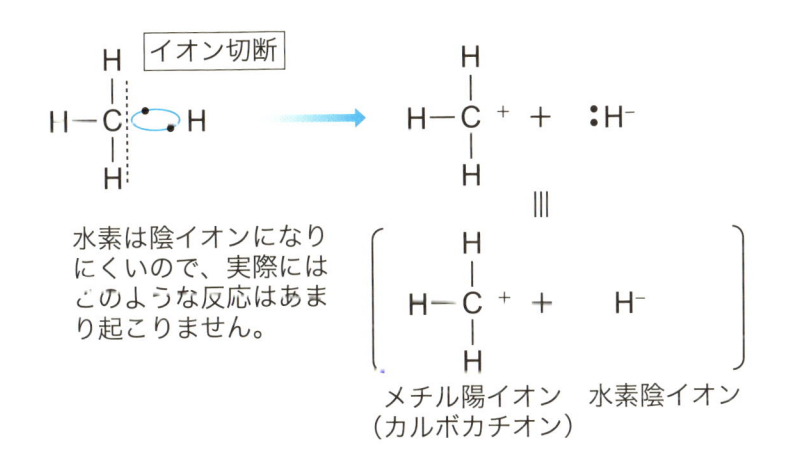

イオン切断

$CH_4 \rightarrow CH_3^+ + {:}H^-$

≡

$CH_3^+ + H^-$

メチル陽イオン（カルボカチオン）　水素陰イオン

水素は陰イオンになりにくいので、実際にはこのような反応はあまり起こりません。

4-3 イオンやラジカルって何だろう？

第4章 有機化合物の構造式

● 極性分子と非極性分子

　水は2本のO–H結合からできています。酸素(電気陰性度：3.5)と水素(2.1)は電気陰性度が異なりますから、結合電子雲は酸素側に引き寄せられ、酸素がマイナス、水素がプラスに荷電します。このように、分子内にプラスの部分とマイナスの部分があるものを一般に**極性分子**といいます。

　それに対して、メタンのC–H結合にはこのようなイオン性がありません。このように、分子内にイオン性部分のない分子を**非極性分子**といいます。多くの炭化水素は非極性分子です。

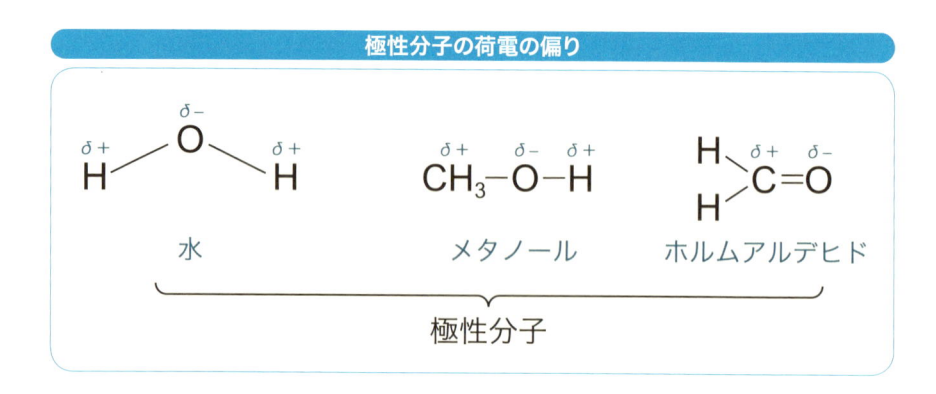

極性分子の荷電の偏り

$\delta+$　$\delta-$　$\delta+$　　　　　$\delta+$　$\delta-$　$\delta+$　　　　　$\delta+$　$\delta-$
H　O　H　　　　CH₃—O—H　　　　H₂C=O

水　　　　　　　メタノール　　　　ホルムアルデヒド

極性分子

● 超分子と分子間力

　2個の水分子が近づくと、片方の分子の酸素原子(マイナスに荷電)と、もう片方の分子の水素原子(プラスに荷電)の間で、静電引力が働きます。この引力を特に**水素結合**といいます。水分子は水素結合のネットワークによって、多くの分子が引き合って集団を作ります。このように、集団を作ることを**会合**といい、集団のことを**会合体**といいます。

　チョット複雑な構造ですが、図に示したのは安息香酸です。この分子のO–H結合は、水と同様に、Oがマイナス、Hがプラスに荷電しています。また、C=O結合も、電気陰性度の違いによってOがマイナス、Cがプラスに荷電します。

このような荷電関係の結果、2個の安息香酸分子が近づくと、両方の分子の間で2箇所に水素結合が生成し、2分子が引き合って、まるで"足して一分子"のように行動します。

これは分子が結合して新たな高次構造体を作った、と見ることができます。そのため、このような分子が集合して作った高次構造体を、分子を超えた分子という意味で**超分子**と呼ぶことがあります。超分子はDNAや酵素など、生体において重要な働きをしています。生体は超分子の集合体と見ることすら可能です。

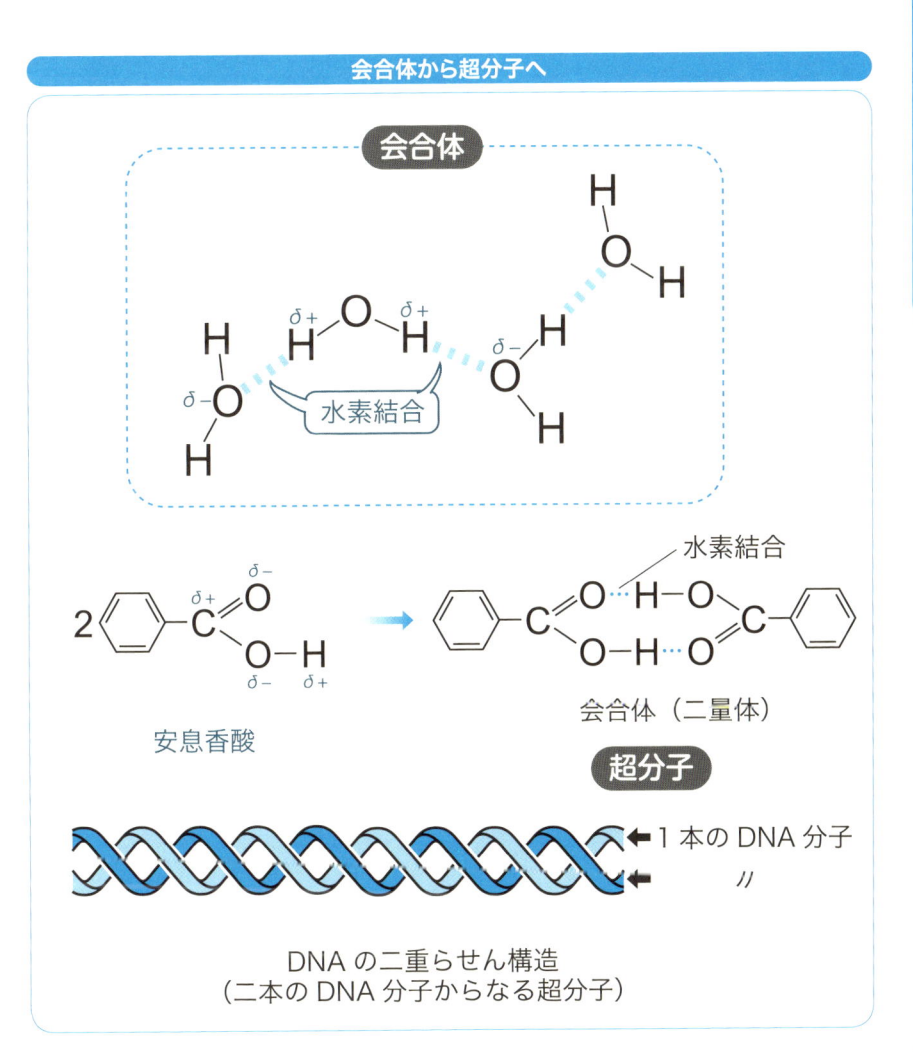

会合体から超分子へ

会合体

水素結合

安息香酸 → 会合体（二量体）

超分子

← 1本のDNA分子

DNAの二重らせん構造
（二本のDNA分子からなる超分子）

4-4 異性体って何のこと？

先に見たエタンの重なり型とねじれ型は、分子式は同じ（C_2H_6）なのに構造が異なるものでした。また、**3-3**で見たように、エチレン誘導体でも、シス型とトランス型のように、分子式は同じ（$C_2A_2B_2$）でも構造式の異なるものがありました。このように，分子式は同じで構造式の異なる分子を互いに**異性体**といいます。

● C_5H_{12}の異性体

分子式C_5H_{12}で表される分子の構造を考えてみましょう。図に示した3個の分子が存在します。（1）は5個の炭素C^1〜C^5が一直線に結合したものです。（2）は4個の炭素C^1〜C^4が一直線に並び、C^5は$-CH_3$（この原子団をとくに**メチル基**といいます）としてC^2に結合して、枝分かれ構造になっています。

（4）も4個の炭素鎖から1個の炭素が枝分かれしたように見えますが、これは曲がっているだけで、まっすぐに伸ばせば、C^1〜C^5が連続してつながっており、（1）と同じものであることがわかります。（3）は、C^1〜C^3の3個の炭素鎖の中央の炭素C^2から2個の炭素C^4、C^5が枝分かれ

C_5H_{12}の構造異性体

(1)

(2)

折れ曲がっても同じ構造

(3)

(4)

したものです。

　このように、炭素数5個の炭化水素には3個の異性体がありますが、これらの違いは、前に見たように、炭素の結合順序の違いと見ることができます。異性体の数は炭素数が増えると加速度的に増え、炭素数が10個になると異性体数は75個、15個では4347個、20個ではなんと366319個となります。これが有機化合物の種類を多くしている大きな理由になっています。

立体異性体

　炭素の並び方の順序は同じでも、構造式に違いのあるものがあります。このようなものを**立体異性体**といいます。

　先に見たシス体、トランス体は立体異性体の一種です。(**5**)、(**6**)ともに4個の炭素C^1〜C^4が並んでいます。したがって、結合順序は同じです。しかし、(**5**)では2つのメチル基が二重結合の同じ側に結合してシス型になり、(**6**)では反対側になってトランス型になっています。シス・トランスの関係は環状化合物でも現れます。(**7**)、(**8**)はともに三員環に2個のメチル基が結合したものですが、(**7**)は三員環の同じ側に結合したシス型、(**8**)は反対側のトランス型になっています。

　先に見たエタンの回転異性体も、結合の順序の同じ異性体であり、立体異性体の一種となります。

立体異性体

シス型
(**5**)

トランス型
(**6**)

シス型
(**7**)

トランス型
(**8**)

光学異性体

立体異性体の一種に**光学異性体**といわれるものがあります。(**9**)、(**10**)はともに炭素に4個の異なる原子団W、X、Y、Zが結合したものです。しかし、(**9**)をどのように回転させても、(**10**)に重ね合わせることはできません。このとき(**9**)と(**10**)は異性体であるといいます。

(**9**)と(**10**)は右手と左手のような関係にあります。右手と左手は互いに異なる手ですが、右手を鏡に映すと左手になります。(**9**)も鏡に映すと、(**10**)になります。しかし(**9**)と(**10**)は互いに異なる異性体です。このような異性体を**鏡像異性体**あるいは**光学異性体**といいます。

光学異性体は環状化合物にも存在します。(**11**)は三員環に2個のメチル基がトランスに結合したものであり、その意味では、先の(**8**)と同じです。しかし、(**8**)と(**11**)を並べてみれば明らかなように(**8**)を鏡に

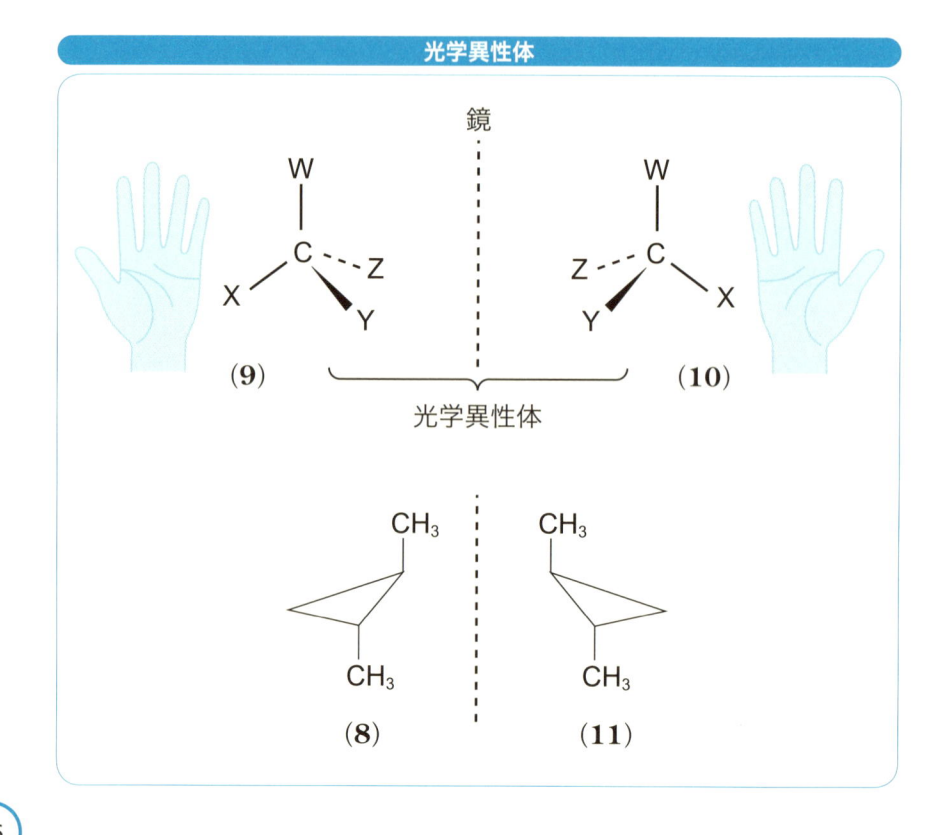

映すと(**11**)となり、どのように回転させても(**8**)と(**11**)を重ね合わせることはできません。(**8**)と(**11**)は互いに光学異性体なのです。

● C_5H_{10}の異性体

異性体がどれくらい多いかを見るために、C_5H_{10}の異性体を考えてみましょう。図に示したように、全部で13個あります。(**1**)～(**3**)は5個の炭素が連続したものであり、(**2**)と(**3**)はシス・トランスの関係です。(**4**)～(**6**)は4個の炭素が並んだもので、二重結合の位置が異なるものです。(**7**)～(**13**)は環状化合物であり、(**7**)は五員環、(**8**)は四員環です。(**9**)～(**13**)は三員環であり、そのうち(**11**)～(**13**)は先に見たものです。

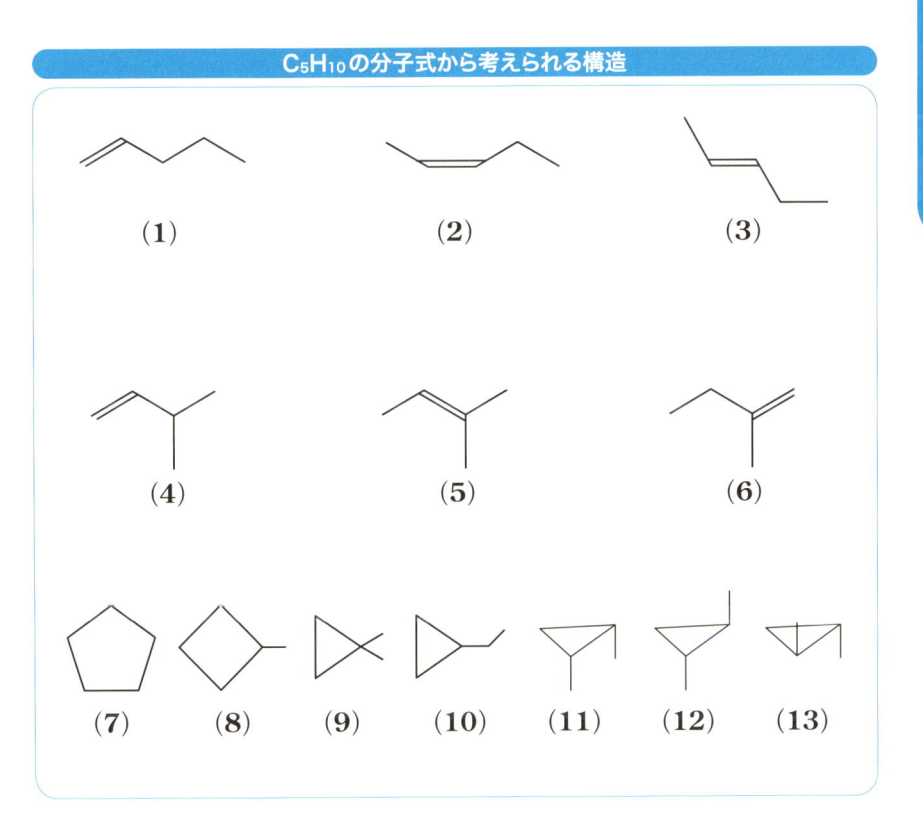

C_5H_{10}の分子式から考えられる構造

(1) (2) (3)
(4) (5) (6)
(7) (8) (9) (10) (11) (12) (13)

column
コラム

σ結合とπ結合（2）

　第3章のコラムで、エチレンのC＝C結合は混成軌道とp軌道の両方からできていたことを見ました。このような軌道から、どのようにして二重結合ができるのでしょう。

　2個のH₂C：原子団を近づけてみましょう。H₃C・原子団がσ結合によってエタンH₃C–CH₃を作るのと同じように、H₂C：原子団もσ結合してH₂C–CH₂を作るでしょう。この状態では、各炭素上には結合していない不対電子が1個ずつ存在します。そしてこの電子がp軌道に入っているのです。

　図は2個のH₂C：原子団がσ結合した様子を表したものです。2個のp軌道が重なっていることがわかります。この重なりがπ結合なのです。したがって、π結合電子雲は結合軸の上下2カ所に分かれて存在するのです。

　π結合は、2本のみたらしが互いに横腹を接してくっついている様子に例えると、わかりやすいかもしれません。

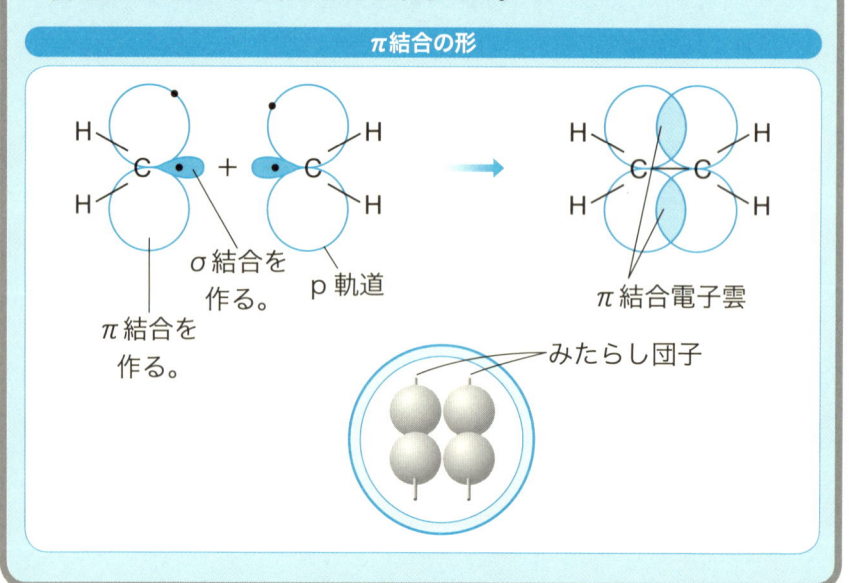

π結合の形

π結合を作る。
σ結合を作る。
p軌道
π結合電子雲
みたらし団子

第5章
有機化合物の命名法

1 分子の名前が数字で決まる？
2 炭化水素の名前はどうなるの？
3 アルケン・アルキンの名前は？
4 複雑な化合物の名前は？

5-1 分子の名前が数字で決まる？

すべての化合物には名前があります。有機化合物も同じです。子供の名前は親が自由に決めることができますが、化合物の名前は発明者あるいは発見者といえど、勝手につけることは許されません。きっちりとした名前のつけ方が決まっています。これを**命名法**といいます。

● IUPAC命名法

有機化合物の名前は分子構造と厳密に対応しています。分子構造が決まると自動的に名前が決まり、名前がわかると自動的に分子構造がわかるようになっています。それは有機化合物に対する厳密な名前のつけ方、命名法が定まっているからです。

この命名法は国際純正・応用化学協会(International Union of Pure and Applied Chemistry、IUPAC)によって決められたので、**IUPAC命名法**といいます。

● 数　詞

IUPAC命名法の特色は数字にあります。有機化合物の名前はその化合物を作る炭素の個数を元にして決められるのです。そのときに基本となるのがギリシャ語の数詞です。そこで、命名法を見る前に、ギリシャ語の数詞を見ておきましょう。意外と日用語に使われていることに驚くでしょう。

1：mono、**モノ**：舞台で登場人物が"一人"で話すことを「モノローグ」といいます。

2：di、**ジ**、あるいはbi、**ビ**：舞台で"二人"で話す対話を「ダイアローグ」といいます。また、自転車bicycleには車輪が"2個"あります。

3：tri、**トリ**："3台"の楽器で行う合奏を「トリオ」といいます。また、水泳、マラソン、自転車の"三種競技"を「トライアスロン」

といいます。

4：tetra、**テトラ**：海岸においてある"4本脚"の波消しブロックを「テトラポッド」といいます。

5：penta、**ペンタ**：アメリカの国防総省を通称「ペンタゴン」といいますが、これは国防総省の平面図が"5角形"だからです。ちなみに、函館の五稜郭も平面図が5角形です。

6：hexa、**ヘキサ**：昆虫は英語で「ヘキサポッド」ともいいますが、それは脚が"6本"あるからです。

7：hepta、**ヘプタ**：陸上競技に"七種競技"がありますが、それを「ヘプタスロン」といいます。

8：octa、**オクタ**：タコは脚が"8本"あるので「オクトパス」といいます。

9：nona、**ノナ**：10^{-9} mを「ナノメートル」といいます。これはナノメートルが10^9（10のノナ乗）mの逆数であり名前もノナの逆のナノになっています。覚える手がかりになるのでは？

10：deca、**デカ**：モーゼの"十戒"を「デカローグ」といいます。

20：icosa、**イコサ**：イイ子さんは"20歳"、というのは関係のない話ですが、覚えやすいのではないでしょうか。

たくさん：poly、**ポリ**：古代ギリシャには都市国家の「ポリス」がたくさんありました。

第5章 有機化合物の命名法

数詞の使われた言葉

「ローグ」（言葉、話）に数詞をつけると…

モノローグ	ダイアローグ	デカローグ
1	2	10
一人芝居	対話	十戒

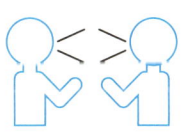

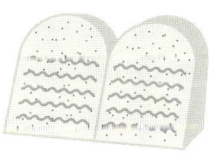

5-1 分子の名前が数字で決まる？

5-2 炭化水素の名前はどうなるの？

IUPAC命名法がどうなっているかを知るには、実際に名前をつけてみるのが一番です。

● 炭化水素の種類

命名法を見る前に炭化水素の分類をしておきましょう。

炭化水素の分類

アルカン……すべてが単結合のもの
- 分子式　C_nH_{2n+2}
- 構造式　$CH_3-CH_2-CH_2-CH_2-\cdots-CH_2-CH_3$
- 主な物　メタン、エタン、プロパン、ブタン

アルケン……二重結合を1つだけ含むもの
- 分子式　C_nH_{2n}
- 構造式　$CH_3-CH_2-\cdots-CH=CH-\cdots-CH_2-CH_3$
- 主な物　エチレン（エテン）、プロピレン（プロペン）

アルキン……三重結合を1つだけ含むもの
- 分子式　C_nH_{2n-2}
- 構造式　$CH_3-CH_2-\cdots-C\equiv C-\cdots-CH_2-CH_3$
- 主な物　アセチレン（エチン）

環状化合物

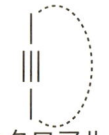

シクロアルカン　　シクロアルケン　　シクロアルキン

A **アルカン**：炭化水素で、すべての結合が単結合でできたものを一般に**アルカン**といいます。アルカンの分子式は炭素数を n とすると、一般に C_nH_{2n+2} です。

B **アルケン**：炭化水素で、二重結合を1個だけ含むものを一般に**アルケン**といいます。アルケンの分子式は一般に C_nH_{2n} です。

C **アルキン**：炭化水素で三重結合を1個だけ含むものを一般に**アルキン**といいます。アルキンの分子式は一般に C_nH_{2n-2} です。

D **環状化合物**：アルカンで環状になったものを**シクロアルカン**といいます。分子式はアルカンより水素が2個少なくなり、C_nH_{2n} です。アルケン、アルキンで環状になったものも、それぞれ接頭語としてシクロをつけて、シクロアルケン、シクロアルキンとなります。分子式は、それぞれ相当する鎖状化合物より水素が2個少なくなったものです。

アルカンの命名法

アルカン（**1**）に、IUPAC命名法に従って名前をつけてみましょう。アルカンの命名の手続きは、次のようにします。
① 炭素鎖を構成する炭素の個数を数える。
② その個数に相当するラテン語の数詞の語尾にneをつける。
これだけです。

アルカン（**1**）の炭素鎖を構成する炭素は6個です。したがって、名前は6を表すギリシャ語の数詞hexaにneをつけて、hexaneとなります。

アルカンの命名例

（**1**） $CH_3-CH_2-CH_2-CH_2-CH_2-CH_3$
炭素数 6　　数詞　hexa
命名　hexa + ne = hexane　ヘキサン

（**2**） $CH_3-CH_2-CH_2\ CH_2-CH_2-CH_2-CH_3$
炭素数 7　　数詞　hepta
命名　hepta + ne = heptane　ヘプタン

読み方はヘキサンです。

同様にすると、アルカン(**2**)の炭素数は7個ですので、hepta ＋ ne ＝ heptaneで「ヘプタン」となります。どんなにおかしな名前であろうと、約束に従っていれば、それがその化合物の名前です。自信を持ってつけてください。

いくつかのアルカンの炭素数、数詞、名前、構造を表にまとめました。

炭素数を表す数詞

炭素数	数詞	名前	構造	炭素数	数詞	名前	構造
5	penta ペンタ	pentane ペンタン	$CH_3(CH_2)_3CH_3$	9	nona ノナ	nonane ノナン	$CH_3(CH_2)_7CH_3$
6	hexa ヘキサ	hexane ヘキサン	$CH_3(CH_2)_4CH_3$	10	deca デカ	decane デカン	$CH_3(CH_2)_8CH_3$
7	hepta ヘプタ	heptane ヘプタン	$CH_3(CH_2)_5CH_3$	20	icosa イコサ	icosane イコサン	$CH_3(CH_2)_{18}CH_3$
8	octa オクタ	octane オクタン	$CH_3(CH_2)_6CH_3$	たくさん	poly ポリ	polymer ポリマー	$CH_3(CH_2)_nCH_3$

＊炭素数が1〜4までは慣用名（メタン、エタン、プロパン、ブタン）で、炭素数が5個以上は、数詞＋ne

名前から構造がわかる

IUPAC命名法の優れている点は、上で見たように、構造がわかれば名前が決まることです。そしてさらに、名前がわかれば構造がわかるという、万全の構えになっています。本当に名前がわかれば、構造も決まるのでしょうか。

「ヘキサン」という分子があります。この構造はどうなっているのでしょう。ヘキサンは英語で書くとhexaneであり、これはhexa＋neと分けることができます。数詞部分はhexaであり、これは6を意味します。したがって、構造は炭素が6個連なった(**3**)となります。

まったく同様に、オクタンはoctane ＝ octa ＋ neであり、数詞は8を意味しますので、分子は(**4**)となります。

名前から構造を決める

(3) ヘキサン：hexane = hexa + ne
　　　　　　　　　　　　 6　　アルカン

$$CH_3 - CH_2 - CH_2 - CH_2 - CH_2 - CH_3$$
　1　　　2　　　3　　　4　　　5　　　6

(4) オクタン：octane = octa + ne
　　　　　　　　　　　　 8　　アルカン

$$CH_3 - CH_2 - CH_2 - CH_2 - CH_2 - CH_2 - CH_2 - CH_3$$
　1　　　2　　　3　　　4　　　5　　　6　　　7　　　8

● 慣用名

　IUPAC命名法は1892年に提唱されたジュネーブ命名法が基本になっていますから、そこまでさかのぼっても1世紀ほどの歴史です。しかし、有機化合物、とくに構造の単純な小さな分子は何世紀にもわたって人類とかかわってきました。それらは新参のIUPAC名などとは関係なく名前がつけられ、その名前で呼ばれ続けてきました。

　そのような名前を勝手に変えると、かえって現場が混乱します。そのため、このような化合物には例外として、それまでの名前がつけられました。そのような名前を**慣用名**といいます。メタン、エタンは慣用名です。そのほかにも、プロパン、ブタン、ベンゼン、トルエン、キシレンなど、慣用名はたくさんあります。

慣用名をもつ化合物

CH_4　　$CH_3 - CH_3$　　$CH_3 - CH_2 - CH_3$　　$CH_3 - CH_2 - CH_2 - CH_3$
メタン　　エタン　　　　　　プロパン　　　　　　　　ブタン

$H_2C = CH_2$　　　　　　　$H - C \equiv C - H$
エチレン（IUPAC名：エテン）　アセチレン（エチン）

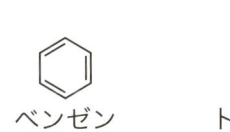

ベンゼン　　　　トルエン

第5章　有機化合物の命名法

5-2 炭化水素の名前はどうなるの？

5-3 アルケン・アルキンの名前は？

　アルケンやアルキンの命名法は、基本的にアルカンの名前の変形となります。

🔵 構造→名前 I

　アルケンの命名法の基本は、

　炭素数の等しいアルカンの名前の語尾の ane を ene に換える。

というものです。

　化合物(**1**)の名前をつけてみましょう。二重結合を1つ含むので、アルケンです。炭素数3ですので、基本のアルカン名は慣用名のプロパンpropane となります。したがって、語尾の ane を ene に変えると、propene すなわちプロペンとなります。

　次に、化合物(**2**)の名前をつけてみましょう。炭素数5ですから、上の命名法に従って、名前は pentene になります。

構造から名前をつける

$$CH_2 = CH - CH_3$$
$$123$$
(**1**)

炭素数＝3：プロパン　propane
二重結合：ane → ene
─────────────────
合　　計：propene　プロペン

$$CH_2 = CH - CH_2 - CH_2 - CH_3$$
$$12345$$
(**2**)

炭素数＝5：pentane → pentene　ペンテン

名前→構造

構造がわかったので、名前が決まりました。それでは反対に、名前から構造式を推定してみましょう。ペンテンという名前の化合物の構造を書いてみましょう。

ペンテンは炭素5個からなる炭素鎖に二重結合が入ったものです。この要求を満たす化合物は2種類あることがわかります。(**2**)と(**3**)です。違いは二重結合の位置であり、(**2**)はC^1-C^2間が二重結合であり、(**3**)はC^2-C^3間が二重結合です。そのほかの位置に二重結合が入ったものは、ひっくり返せば(**2**)か(**3**)に等しくなります。

「ペンテン」の構造は1つに決まらない

$$\text{ペンテン} \begin{cases} \underset{1}{CH_2} = \underset{2}{CH} - \underset{3}{CH_2} - \underset{4}{CH_2} - \underset{5}{CH_3} \\ \qquad\qquad\qquad (\mathbf{2}) \\ \underset{1}{CH_3} - \underset{2}{CH} = \underset{3}{CH} - \underset{4}{CH_2} - \underset{5}{CH_3} \\ \qquad\qquad\qquad (\mathbf{3}) \end{cases}$$

構造→名前Ⅱ

(**2**)と(**3**)は異性体で、互いに異なる化合物です。名前が同じでは区別できませんので、(**2**)と(**3**)では名前を変える必要があります。

(**2**)と(**3**)の違いは二重結合の位置の違いですから、互いを区別するためには、二重結合の位置を表す番号を入れればよいことになります。そこで、命名法は、

二重結合がついている炭素の番号のうち、若いほうを名前の前につける。

と決められています。

すると、化合物(**2**)は二重結合がC^1-C^2間ですから、番号は若いほうの1をとります。したがって、名前は「1-ペンテン」となります。ハ

結合位置と基本名で名前をつける

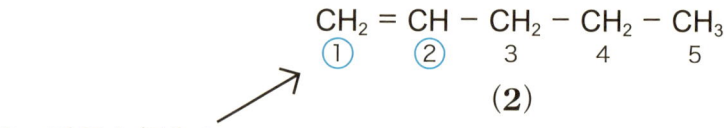

$$CH_2 = CH - CH_2 - CH_2 - CH_3$$
①　　②　　3　　4　　5

(2)

若い番号を優先！

基本名：ペンテン
二重結合位置：1
1-ペンテン

イフンを必ずつけてください。同様に、化合物(**3**)の二重結合はC^2–C^3間ですので、名前は「2-ペンテン」となります。

なお、(**2**)の二重結合の位置は、今回は左の炭素から番号をつけたので、C^1–C^2間となりましたが、もし右側からつければ、C^4–C^5となり、名前は4-ペンテンとなりそうですが、そうはなりません。番号のつけ方には約束があり、それはどんな場合にも、

　○**番号はできるだけ若くなるようにつける。**

というものです。C^1–C^2間の二重結合の番号を1としたのも、この約束に従っているからです。

番号はできるだけ若くなるように

$$CH_2 = CH - CH_2 - CH_2 - CH_3 \quad CH_3 - CH = CH - CH_2 - CH_3$$
①　2　3　4　5　　　1　②　3　4　5

1-ペンテン　　　　　　　2-ペンテン

$$CH_2 = CH - CH_2 - CH_2 - CH_3$$
①　2　3　4　5　── 1-ペンテン…〇
5　④　3　2　1　── 4-ペンテン…✕

● アルキンの命名法

アルキンの命名法はアルケンとまったく同様です。ただし、アルカンの語尾のaneをアルケンのeneではなく、yneに換えます。

したがって、化合物(**1**)は炭素数3個ですから、プロパンpropaneの語尾のaneをyneに換えて、propyneとなります。読み方はプロピンです。また、化合物(**2**)は炭素数7個であり、三重結合がC^3–C^4間にありますから、「3-ヘプチン」となります。

「2-デキン」はどんな化合物でしょうか。デキンはdecyneであり、数詞はdecaですから、炭素数は10個となります。そして、番号は2ですから、三重結合はC^2–C^3間にあるので、構造式は(**3**)となることがわかります。

アルキンも同様に命名

$$HC \equiv C - CH_3$$
$$\quad 1 \quad\ 2 \quad\ 3$$
(**1**)

炭素数3：プロパン　propane → propyne　プロピン

$$CH_3 - CH_2 - C \equiv C - CH_2 - CH_2 - CH_3$$
$$\ 1 \quad\ 2 \quad\ ③ \quad 4 \quad\ 5 \quad\ \ 6 \quad\ \ 7$$
(**2**)

炭素数＝7：heptane
三重結合：語尾　ane → yne
位　　置：3
───────────────
合　　計：3-heptyne　3-ヘプチン

2-デキン　2-decyne = 2 + dec + yne
　　　　　　　　　　　　　　　10　　三重結合

$$CH_3 - C \equiv C - CH_2 - CH_2 - CH_2 - CH_2 - CH_2 - CH_2 \quad CH_3$$
(**3**)

5-4 複雑な化合物の名前は？

炭化水素の基本的な命名法は見てきたとおりです。ここでは、基本化合物の誘導体の命名法を考えてみましょう。

● 環状化合物

基本的な命名法は鎖状化合物に対してのものでした。ここで、環状化合物の命名法を見てみましょう。

環状化合物の命名法は、

　　炭素数の等しい鎖状化合物の語頭にcycloをつける。

というものです。例で見てみましょう。

例1：すべて単結合ですから、シクロアルカンです。炭素数5ですから、相当する鎖状化合物の名前はペンタンです。したがって、それにシクロをつけた「シクロペンタン」が名前となります。

例2：二重結合を1個含み、炭素数は7個ですから、基本名はヘプテンです。したがって、シクロをつけると「シクロヘプテン」となります。

例3：三重結合を含んだ八員環ですから、「シクロオクチン」となります。三重結合は4個の原子が一直線上に並ぶことを要求するので、小さな環の中に導入することは不可能です。安定に存在するシクロアルキンとしては、八員環がもっとも小さい環状化合物であることが知られています。

環状のアルカン、アルケン、アルキン

例1
炭素数＝5：ペンタン
環　状：シクロ
シクロペンタン

例2
炭素数＝7：ヘプタン
二重結合：ヘプテン
環　状：シクロ
シクロヘプテン

例3
炭素数＝8：オクタン
三重結合：オクチン
環　状：シクロ
シクロオクチン

❺ メチル基を持った環状化合物

環状化合物にメチル基が結合した場合の名前を考えてみましょう。

A　シクロアルカン

シクロアルカンにメチル基がついたものの名前はメチルシクロアルカンとなります。シクロプロパンにメチル基がついた(**1**)はメチルシクロプロパンとなり、シクロヘキサンにメチル基がついた(**2**)はメチルシクロヘキサンとなります。

B　シクロアルケン

シクロアルケンにメチル基がついた場合には、その位置が問題になります。この場合、二重結合の位置を優先します。すなわち、二重結合を構成する炭素を$C^1=C^2$と決めます。

化合物(**3**)はC^1にメチル基がついているので、その位置を表す番号を最初につけて、1-メチルシクロペンテンとなります。ハイフンを忘れないでください。もし(**3'**)のように番号をつければ、2-メチルシクロペンテンとなりますが、先に見たように、どのような場合にも番号はできるだけ若くするという大原則がありますから、名前は(**3**)に従って、1-メチルシクロペンテンとなります。

化合物(**4**)は3-メチルシクロペンテンとなります。5-メチルシクロペンテンではありません。

メチル基を持つ環状化合物の命名法

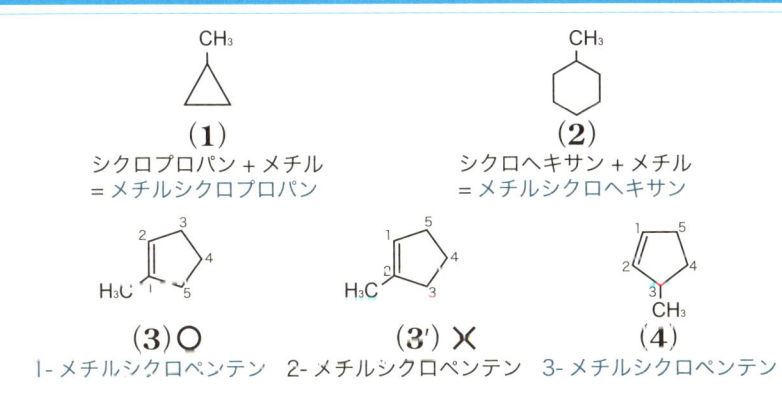

(**1**) シクロプロパン + メチル = メチルシクロプロパン

(**2**) シクロヘキサン + メチル = メチルシクロヘキサン

(**3**) ○　1-メチルシクロペンテン

(**3'**) ✗　2-メチルシクロペンテン

(**4**) 3-メチルシクロペンテン

メチル基を持った鎖状化合物

鎖状化合物にメチル基がついた場合の命名法は、基本的に環状化合物の場合と同じです。

A　鎖状アルカン

メチル基のついた炭素の番号を最小にするようにつけます。したがって、化合物(**1**)は2-メチルブタン、化合物(**2**)は3-メチルペンタンとなります。

B　鎖状アルケン

鎖状アルケンの場合には番号が二種類になります。二重結合の番号とメチル基の番号です。化合物の基本骨格はアルケンですから、番号は二重結合の番号を優先します。

化合物(**3**)の基本骨格は1-ブテンであり、そのC^2にメチル基がついているので2-メチル-1-ブテンとなります。ハイフンの位置に気をつけてください。同様に、化合物(**4**)は2-メチル-2-ブテンとなります。化合物(**5**)はうっかりすると1-メチル-1-ブテンといってしまいそうです。しかし、この化合物は5個の炭素が並んだ直鎖状化合物であり、2-ペンテンです。だまされないように注意が大切です。

メチル基を持つ鎖状化合物の命名法

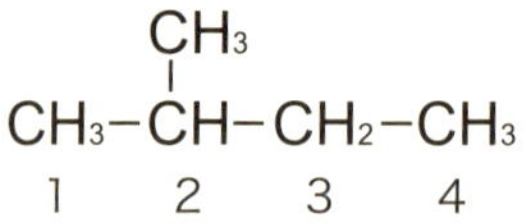

(**1**)
2-メチルブタン

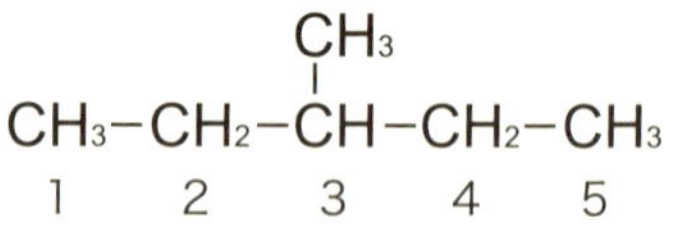

(**2**)
3-メチルペンタン

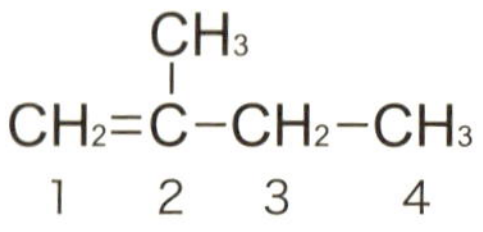

(**3**)
2-メチル-1-ブテン

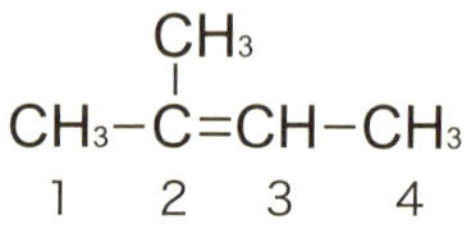

(**4**)
2-メチル-2-ブテン

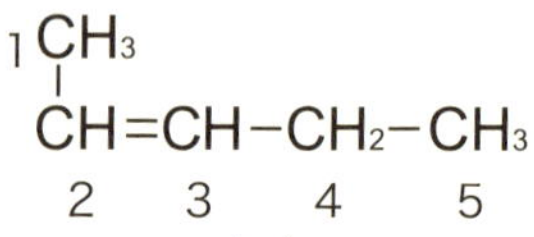

(**5**)
2-ペンテン

第6章
有機化合物の性質

1 炭化水素ってどんな性質？
2 芳香族ってどんな性質？
3 置換基って何のこと？
4 官能基がつくとどうなるの？

6-1 炭化水素ってどんな性質？

炭化水素は炭素と水素だけからできた化合物であり、有機化合物の基本となる化合物です。それだけに、炭化水素の性質は有機化合物全体の性質の基本でもあります。有機化合物の性質を見る章の最初として、炭化水素の性質を見ていきましょう。

● 一般的性質

私たち自身がいろいろの性質を持つように、分子の性質にもいろいろあります。まず、炭化水素の一般的な性質を見ていきましょう。炭素数1～10の炭化水素の性質を表に示しました。

炭化水素の性質

炭素数	名称	構造	沸点(℃)	融点(℃)	比重	状態	色
1	メタン	CH_4	−161.5	−182.8	0.55*1	気体	無色
2	エタン	CH_3CH_3	−89.0	−183.6	0.55*2	気体	無色
3	プロパン	$CH_3CH_2CH_3$	−42.1	−187.7	1.55*1	気体	無色
4	ブタン	$CH_3(CH_2)_2CH_3$	−0.5	−138.3	2.01*1	気体	無色
5	ペンタン	$CH_3(CH_2)_3CH_3$	36.1	−129.7	0.63	液体	無色
6	ヘキサン	$CH_3(CH_2)_4CH_3$	68.7	−95.3	0.66	液体	無色
7	ヘプタン	$CH_3(CH_2)_5CH_3$	98.4	−90.6	0.68	液体	無色
8	オクタン	$CH_3(CH_2)_6CH_3$	125.7	−56.8	0.70	液体	無色
9	ノナン	$CH_3(CH_2)_7CH_3$	150.8	−53.5	0.72	液体	無色
10	デカン	$CH_3(CH_2)_8CH_3$	174.1	−29.7	0.73	液体	無色

*1：空気に対する比重　　*2：−90℃における値（空気に対する比重は1.04）

A 状態

化学で「状態」というときは固体、液体、気体のことを指します。水が低温で氷という結晶、高温で水蒸気という気体になるのと同じように、

炭化水素も温度によって結晶、液体、気体に変化します。このほかに液晶という特殊な状態を取るものもあります。

B　色彩
多くの炭化水素は無色であり、結晶の場合には白色ですが、中には鮮やかな色彩を持ったものもあります。

C　匂い
それぞれ特有の匂いを持っています。

D　比重
すべての炭化水素の比重は、1より小さいと思ってよいでしょう。

E　電気伝導性
ほとんどすべての炭化水素は電気を通さない絶縁体と思ってよいでしょう。電気伝導性の高分子として有名なポリアセチレンも、そのもの自身は絶縁性です。少量の不純物を混ぜることで、電気伝導性を示すのです。

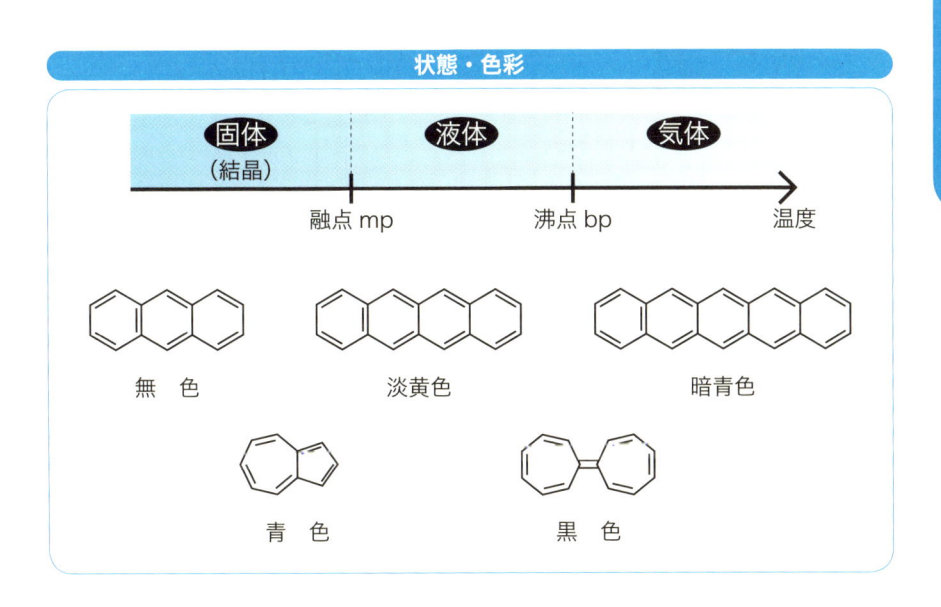

状態・色彩

固体（結晶）　　液体　　気体
融点 mp　　沸点 bp　　温度

無色　　淡黄色　　暗青色

青色　　黒色

分子量と沸点・融点

炭化水素の沸点は分子量と密接な関係があります。一般に、分子量が大きくなると融点も沸点も高くなります。その関係をグラフで示しました。沸点は炭素数7のC_7H_{16}、分子量100でほぼ100℃になります。

グラフに水を入れてみます。水の分子量は18で沸点は100℃です。炭化水素の沸点とは大きくかけ離れています。このことは、沸騰時点での水の見かけの分子量が、ほぼ100であることを示すものです。つまり水は沸騰するときでもほぼ5分子(分子量5×18＝90)が会合しているのです。

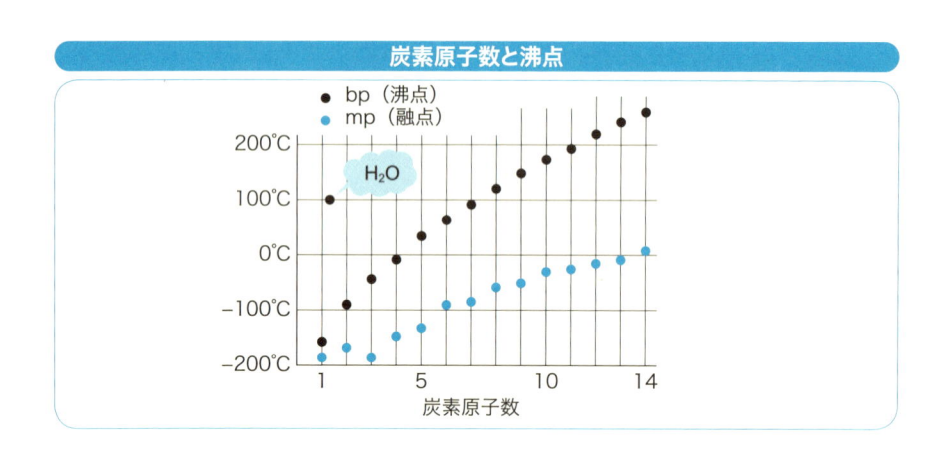

炭素原子数と沸点

石油は炭化水素

炭化水素は身近にあります。都市ガスのメタンや、キャンプに使うプロパンガスのプロパン、ガスライターの燃料のブタンなどはかなり純度の高い炭化水素です。

石油の主成分も炭化水素です。しかし、いろいろの種類の炭化水素が混じっています。石油には、ガソリンや灯油をはじめ、いろいろの種類があります。それらは油井から汲み上げた原油を蒸留して、その沸点で分けます。炭化水素の沸点と分子量(炭素数)には密接な関係がありますから、石油の種類によって主成分の炭素数範囲が決まることになります。

石油を蒸留して分ける

種類	蒸留温度（℃）	用途	炭素数
ベンジン	30〜120	溶剤	C_6〜C_{12}
軽ガソリン	60〜100	自動車燃料	
重ガソリン	100〜150	自動車燃料	
軽ケロシン	120〜150	溶媒、燃料	C_{10}〜C_{15}
灯油	170〜250	燃料	
ケロシン	150〜300	ジェット燃料	
軽油	180〜350	ディーゼル燃料	C_{10}〜C_{20}
重油	>350	ボイラー、船舶燃料	

● 似たものは似たものを溶かす

　油と水は混じらないといいます。事実そのとおりです。油と水は混じりません。炭化水素の液体は油の一種です。水には混じりません。

　何が何を溶かすのか、は難しい問題ですが、構造の「似たものは似たものを溶かす」というのは真実です。溶けるとは、物質が一分子ずつのバラバラな状態になり、互いに混じり合うことです。そのためには、互いの分子構造が似ていることが必要になります。

　食塩が水に溶けるのは、両者がともにイオン性を持った**極性化合物**であるためです。それに対して、炭化水素は**無極性**の分子であり、水とは性質が異なります。そのため、水と油は混じらないのです。

溶ける場合、溶けない場合

水 + 食塩 → 混じる。 食塩水

水 + 炭化水素 → 混じらない。 炭化水素／水

6-1 炭化水素ってどんな性質？

6-2 芳香族ってどんな性質？

芳香族(ほうこうぞく)**化合物**は、数ある有機化合物の中でもとくに重要な一群です。これらは安定で、反応性に乏しくて、しかし特有な反応性を持ち、化学工業の原料としても製品としても欠かせない化合物です。要するに、有機化学に欠かせない化合物群なのです。

それなのに、そもそも、芳香族化合物とは何なのか、という問題がハッキリしないところがあります。芳香族化合物の定義は有機化学の本質に関わる問題であり、簡単に答えるのは難しいというジレンマがあります。

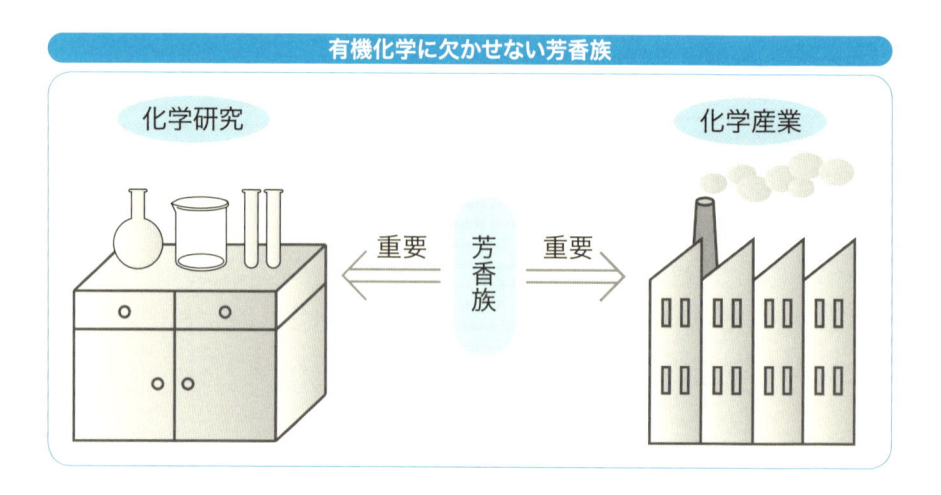

有機化学に欠かせない芳香族

化学研究 ← 重要 芳香族 重要 → 化学産業

芳香族の定義

「芳香族とは何か」と聞いても、明確に歯切れよく答えられる学生は理学部化学科の4年生でも、一部の学生だけではないでしょうか。多くの学生の答えは「安定、反応しにくいもの」──そのようなところでないでしょうか。もし「香りが芳しい」などと答える学生がいたら、もう1年、4年生をやってもらったほうがよいかもしれません。

芳香族を、その性質の面から定義しようとすると、必ず他の種類の有機物の性質とバッティングします。その結果、芳香族の性質がボケてきます。芳香族の性質は、分子構造の面から定義するのが最も簡単であり、最も明確です。

それでは、分子構造の面から定義した芳香族とは何でしょう。それは、
① 平面の環状の全共役化合物であり、
② 環内に($2n+1$)個の二重結合を持つもの

と定義されるでしょう。ここで全共役化合物とは、すべての炭素が共役系を構成するという意味であり、nは整数を意味します。

芳香族とは

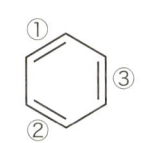

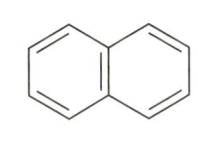

共役系の環状化合物　　ベンゼン　　ナフタレン
　　　　　　　　　　　($2n+1$)個の二重結合

芳香族でない化合物

この定義に従えば、ベンゼンは6員環の環状化合物で(定義①)、すべての炭素が共役系に参加した全共役化合物です。そして、環内の二重結合は3本なので、$n=1$($2n+1=2×1+1=3$)のケースになります(定義②)。したがって、芳香族です。ナフタレンは$n=2$のケースで(二重結合5本)、やはり芳香族です。しかし、シクロデカペンタエンは平面形ではないので芳香族ではありません。

また、シクロブタジエンは、4個の炭素からなる全共役化合物ですから、定義①には当てはまりますが、二重結合の本数が2本ですので、定義②には該当しません。そのため、シクロブタジエンは芳香族ではないことになります。事実、シクロブタジエンは不安定で、分離して取り出

すことはできません。シクロブタジエンのように、環状全共役化合物で$2n$個の二重結合を持つ化合物をとくに**反芳香族**と呼ぶことがあります。

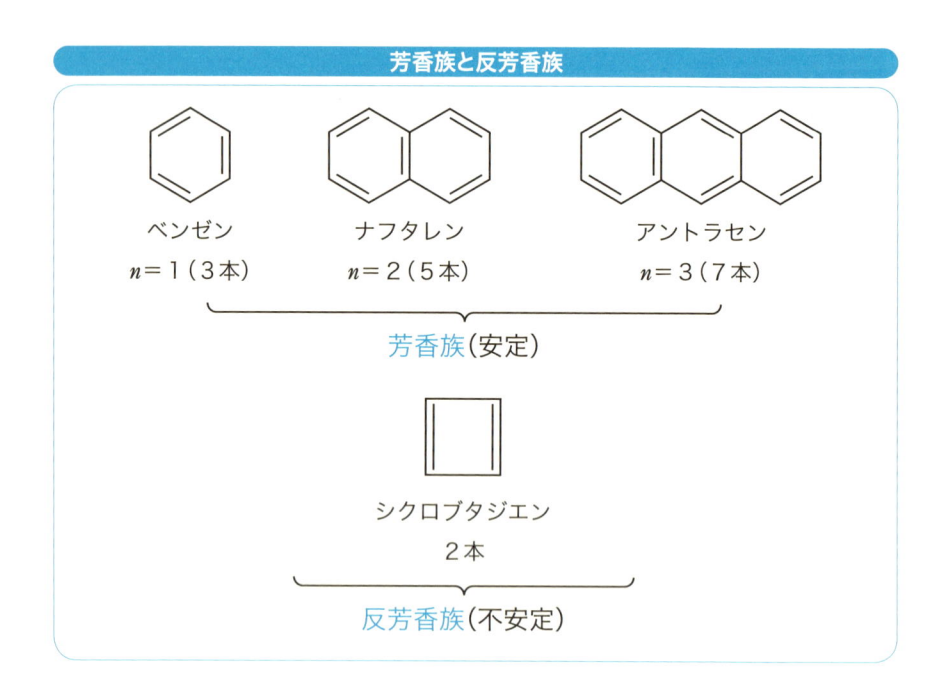

芳香族と反芳香族

ベンゼン
$n=1$（3本）

ナフタレン
$n=2$（5本）

アントラセン
$n=3$（7本）

芳香族（安定）

シクロブタジエン
2本

反芳香族（不安定）

芳香族の性質

芳香族の反応性は特殊なものがありますが、それに関しては第9章で見ることにして、ここでは芳香族の反応性以外の物性を見てみましょう。

A 香り

名前が芳香族ですから、さぞかし香りが良いのでは、と思うのはもっともです。しかし、期待は裏切られるためにあるものであり、ここでもそのとおりです。香りの良し悪しは好みですが、芳香族化合物の母体で匂いの良いものはないといったほうがよいのではないでしょうか。

炭化水素の芳香族ではないので、ここで言及するのはふさわしくないかもしれませんが、芳香族の代表的な化合物であるピリジンは悪臭の代表ともいえるほど強烈な匂いですし、ウンチの匂いの素といわれるスカトールも芳香族です。

悪臭なのに芳香族

ピリジン

スカトール

芳香族（悪臭）

B 健康

　ベンゼン、トルエン、キシレンはある種の覚醒作用があり、かつてはそのような用途に使われたこともあります。それだけではありません。芳香族には発ガン性を疑われるものがたくさんあります。

　もちろん、発ガン性とは関係のない健康的？な芳香族もたくさんありますが、「注意するに越したことはない」というのはいつでも真実です。

覚醒作用のある芳香族

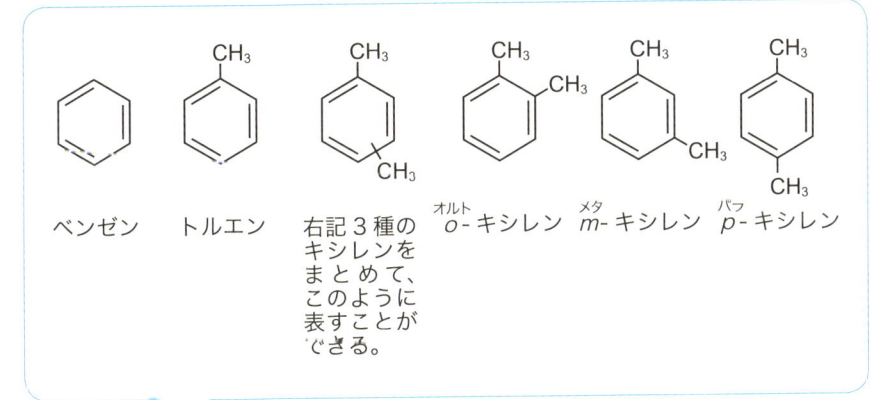

ベンゼン　トルエン　右記3種のキシレンをまとめて、このように表すことができる。　o-キシレン（オルト）　m-キシレン（メタ）　p-キシレン（パラ）

6-2 芳香族ってどんな性質？

6-3 置換基って何のこと？

多くの原子でできた有機化合物は体積も大きく、構造も複雑です。しかし、慣れた目で見れば、有機化合物の構造はそれほど複雑でもないのです。訓練された化学者なら、初めて見る分子に会っても、「ああ、この化合物はこんな構造か、ダッタラこんな性質だな」と、おおよその見当はつきます。それは分子の顔を見るからです。分子の顔とは何でしょう。

置換基

複雑な構造の分子をそのまま見ていたのでは、複雑で何もわかりません。このような分子はいくつかの部分に"分けて"見ると便利です。それが"本体部分"と"**置換基**"です。

そして、この置換基が分子の顔に相当するのです。置換基には多くの種類がありますが、多くの場合、いかにも分子の顔にふさわしく、特有の構造をしており、分子に特有の風貌と性質を与えています。

そのような立派な顔は、次節で"官能基"として検討することにして、ここでは、ありきたりの顔だけを見ておきましょう。

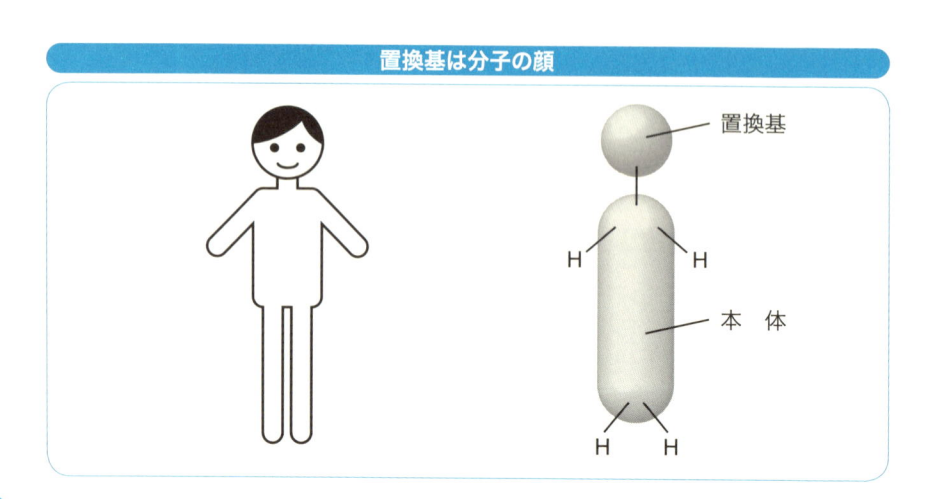

置換基は分子の顔

🔵 アルキル基

　置換基の普段着の顔とでもいえるのがメチル基 $-CH_3$ とエチル基 $-CH_2CH_3$ です。"–"は"ここで本体と結合しますヨ"という印ですが、書かないことのほうが多いです。本書でも後に進んで、皆さんが慣れてきたころにはなくなっていることでしょう。メチル基、エチル基、プロピル基、イソプロピル基などを**アルキル基**ということもあります。

　アルキル基とは、炭素と水素からできている、単結合だけでできた置換基と定義されます。アルキル基は R– と表すこともあります。

　アルキル基の性質、機能は多くの場合、物理的、機械的なものと考えてよいでしょう。有機化合物の構造は先に見たように、粘土細工、プラスチックモデルと考えてよいものです。アルキル基も体積を持ちます。

　したがって、アルキル基がつくと立体反発で不安定になるとか、アルキル基がつくとその周辺の炭素はブロックされて反応しにくくなるとか、わかりやすい効果が起こることになります。

邪魔をする置換基

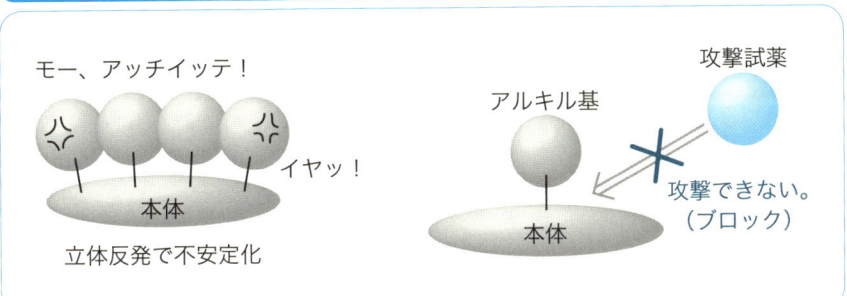

モー、アッチイッテ！
イヤッ！
本体
立体反発で不安定化

攻撃試薬
アルキル基
本体
攻撃できない。
（ブロック）

🔵 官能基

　置換基の華（？）といわれるのは**官能基**です。官能基とは、置換基からアルキル基を除いたものです。

　官能基の種類と構造を表にまとめました。対比のため、アルキル基も一緒に示しておきました。官能基は強烈で個性的な顔です。ある官能基

置換基一覧

	置換基	名称	一般式	一般名	例	
アルキル基	$-CH_3$	メチル基			CH_3-OH	メタノール
	$-CH_2CH_3$	エチル基			CH_3-CH_2-OH	エタノール
	$-CH{<}^{CH_3}_{CH_3}$	イソプロピル基			${CH_3}{\diagdown \atop CH_3}{\diagup}CH-OH$	イソプロピルアルコール
官能基	フェニル基(ベンゼン環)*	フェニル基	R-(ベンゼン環)	芳香族	CH_3-(ベンゼン環)	トルエン
	$-CH=CH_2$	ビニル基	$R-CH=CH_2$	ビニル化合物	$CH_3-CH=CH_2$	プロピレン
	$-OH$	ヒドロキシ基	$R-OH$	アルコール	CH_3-OH	メタノール
				フェノール	(ベンゼン環)-OH	フェノール
	${\diagdown \atop \diagup}C=O$	カルボニル基	${R \atop R'}{\diagdown \atop \diagup}C=O$	ケトン	${CH_3 \atop CH_3}{\diagdown \atop \diagup}C=O$	アセトン
	$-C{<}^{\!\!=O}_{\,\,H}$	ホルミル基	$R-C{<}^{\!\!=O}_{\,\,H}$	アルデヒド	$CH_3-C{<}^{\!\!=O}_{\,\,H}$	アセトアルデヒド
	$-C{<}^{\!\!=O}_{\,\,OH}$	カルボキシ基*	$R-C{<}^{\!\!=O}_{\,\,OH}$	カルボン酸	$CH_3-C{<}^{\!\!=O}_{\,\,OH}$	酢酸
	$-NH_2$	アミノ基	$R-NH_2$	アミン	CH_3-NH_2	メチルアミン
	$-NO_2$	ニトロ基	$R-NO_2$	ニトロ化合物	CH_3-NO_2	ニトロメタン
	$-CN$	ニトリル基（シアノ基）	$R-CN$	ニトリル化合物	CH_3-CN	アセトニトリル

＊フェニル基は$-C_6H_5$で表されることも多い。この場合、トルエンは$CH_3-C_6H_5$となる。
＊IUPAC1993年勧告ではカルボキシ基（carboxy group）を使う

がつくと、分子全体がその官能基にふさわしい性質と反応性を持ってしまいます。したがって、官能基を見れば、分子の性質と反応性がわかるのです。

官能基の個々の性質は次節で見ることにして、ここでは全体的な性質だけを見ておきましょう。分子の性質として水に溶けるかどうかは重要な問題です。分子本体は炭素と水素からできていますので、水には溶けません。このような性質を**疎水性**あるいは**親油性**といいます。それに対して、多くの官能基はイオン性であり、そのため水に溶けます。このような性質を**親水性**といいます。

どちらが置換基？

官能基の多くは炭素以外の原子を含みますが、炭素と水素だけからできた官能基もあり、その代表的なものにビニル基とフェニル基があります。

ところで、ビニル基とフェニル基が結合すると、スチレンという分子になります。この場合、どちらを分子の本体、どちらを置換基と呼べばよいのでしょうか。これは難しい問題で、どちらに注目しているかによって変化しますが、体積が大きいということで、フェニル基を本体とすることが多いようです。

このように、本体と置換基の関係は相対的なものです。

置換基はどちら

フェニル基 | ビニル基

とりあえず大きいほうを本体に…

第6章 有機化合物の性質

6-3 置換基って何のこと？

6-4 官能基がつくとどうなるの？

官能基は分子の性質を支配するといいます。それでは、具体的に個々の官能基がつくと、分子はどのようになるのでしょうか。

● 酸素を含むもの

CHOからなる分子を見てみましょう。

A　アルコール

ヒドロキシ基−OHを持つものは一般に**アルコール**と呼ばれます。代表的なものに**メタノール**や**エタノール**があります。単にアルコールというとエタノールを指します。また、無水アルコールはエタノールから不純物としての水を取り除いたものをいいます。

エタノールはお酒の成分ですが、メタノールは毒物です。アルコールは水素結合をするなど、水に似た性質を持ちます。アルコールは一般に中性ですが、フェニル基にヒドロキシ基のついたフェノールは酸性であり、日本名で**石炭酸**と呼ばれます。

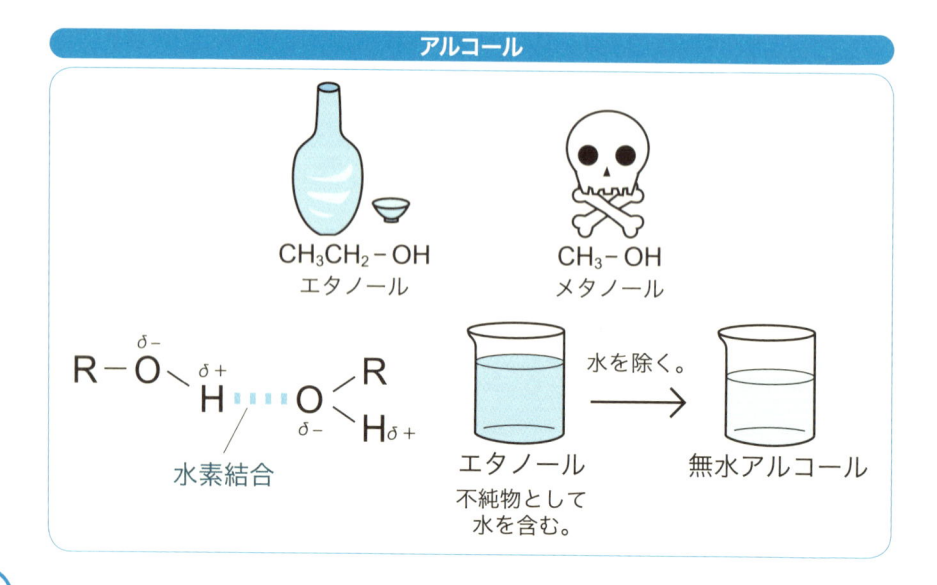

アルコール

CH_3CH_2-OH　エタノール

CH_3-OH　メタノール

$R-O^{\delta-} \cdots H^{\delta+} - O^{\delta-} - R$
$\phantom{R-O^{\delta-} \cdots H^{\delta+} - O^{\delta-} -} H^{\delta+}$

水素結合

エタノール（不純物として水を含む。）　→　水を除く。　無水アルコール

B　アルデヒド

ホルミル基−CHOを持つ化合物は一般に**アルデヒド**と呼ばれます。代表的なものに**ホルムアルデヒド**や**アセトアルデヒド**があります。ホルムアルデヒドはシックハウス症候群の原因といわれます。ホルムアルデヒドの30〜40％水溶液は**ホルマリン**と呼ばれ、タンパク質を硬化する作用があるので、生物標本を作るのに用いられます。

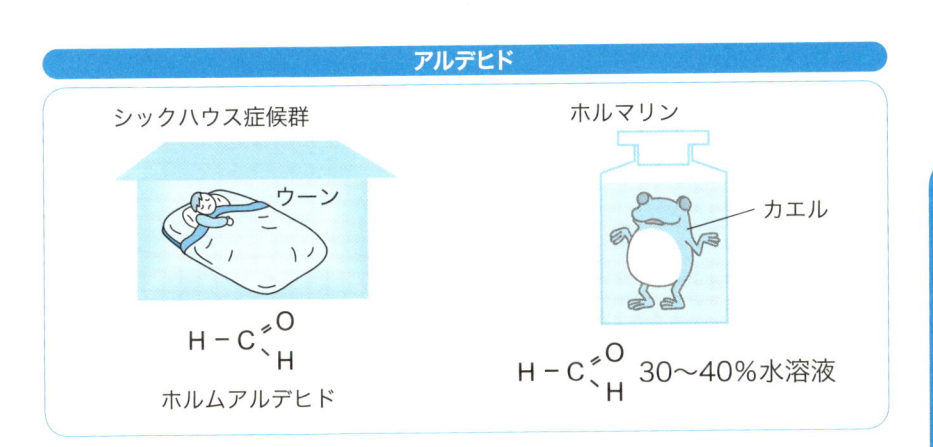

アルデヒド

シックハウス症候群　　　　　　　ホルマリン

H−C(=O)H　ホルムアルデヒド　　　H−C(=O)H　30〜40％水溶液

C　カルボン酸

カルボキシ基−COOHを持つと、**カルボン酸**と呼ばれます。代表的なものに**ギ酸**や**酢酸**があります。酢酸は酢の成分です。カルボン酸はその名前のとおり酸の一種です。酸とは一般に電離して水素イオンH^+を出すものです。

カルボン酸

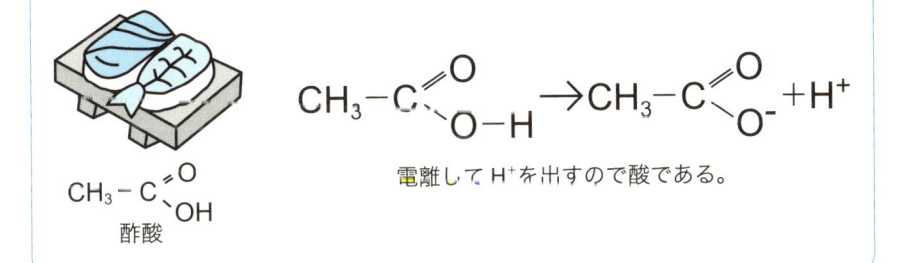

$CH_3-C(=O)OH$　酢酸

$CH_3-C(=O)O-H \rightarrow CH_3-C(=O)O^- + H^+$

電離してH^+を出すので酸である。

D ケトン

カルボニル基 >C=O はホルミル基、カルボキシ基の部分構造にもなっています。カルボニル基を持つものを一般に**ケトン**あるいは**カルボニル化合物**といいます。ケトンの代表的なものに**アセトン**があります。アセトンは水に溶け、有機溶媒を溶かす力が強いので、各種の溶剤に用いられます。ケトンは反応性が高いので、各種の原料としても重要なものがたくさんあります。

アセトンの用途

CH_3＼
$\qquad$ C = O
CH_3／

アセトン

ペンキ（溶剤として）

マニキュア除光液

E エーテル

置換基ではありませんが、酸素に2個のCH原子団がついたものを一般に**エーテル**といいます。代表はジエチルエーテルです。単にエーテルというときには**ジエチルエーテル**を指します。かつては全身麻酔薬に用いられたこともあります。引火性が強いので、注意が必要です。

エーテル

$CH_3-CH_2-O-CH_2-CH_3$
ジエチルエーテル

CH_3-O-CH_3
ジメチルエーテル

ジフェニルエーテル

窒素を含むもの

窒素を加えてCHONからできているものを見てみましょう。

A　アミン

アミノ基-NH_2を持つものを**アミン**といいます。アミンはアンモニアNH_3の水素がアルキル基に換わったものとみなすことができます。そのため、アンモニアと同様に塩基性です。すなわち、H^+を取り込むことができます。

後に第12章で見るように、タンパク質の構成要素であるアミノ酸は分子内にカルボキシ基とアミノ基を持つので、酸と塩基の性質をあわせ持つことになります。

アミン

$R-NH_2 + H^+ \longrightarrow R-\overset{+}{N}H_3$
アミン　　　　　　　　H^+を取り込むので塩基である

$NH_3 + H^+ \longrightarrow \overset{+}{N}H_4$
アンモニア

アミノ基　　　　　　　　　　　　　カルボキシ基
塩基　　　$H_2N-\underset{H}{\overset{R}{C}}-CO_2H$　　　酸

アミノ酸

B　ニトロ化合物

ニトロ基-NO_2を持つ化合物を**ニトロ化合物**といいます。ニトロ化合物には爆発性のものがあるので、注意が必要です。**トリニトロトルエン**(TNT)は爆薬の標準ですし、**ニトログリセリン**はダイナマイトの原料です。ニトログリセリンは血管を拡げる作用があるので、心筋梗塞の特効薬でもあります。

ニトロ化合物

トリニトロトルエン（TNT）
爆薬

ニトログリセリン
ダイナマイト原料

C　ニトリル化合物

　ニトリル基-CNを持つものを**ニトリル化合物**といいます。毒性を持つことがあるので、注意が必要です。青酸HCNや青酸カリウムKCNは無機化合物ですが、典型的な猛毒です。青酸カリウムの水溶液は金を溶かすので、青酸カリウムはメッキ工業に欠かせない試薬です。

第7章
有機化合物の反応

1 反応って何のこと？
2 酸化・還元ってどんな反応？
3 置換反応ってどんな反応？
4 脱離反応ってどんな反応？
5 付加反応ってどんな反応？

7-1 反応って何のこと？

　有機化学の大きな分野に有機化学反応があります。有機化合物の特徴は他の化合物に変化しやすいということです。ある分子が他の分子に変化することを一般に**反応**といいます。

● 反応式

　化学反応は反応式(1)で表されます。反応式は通常、左から右へ進行するように書かれます。それで左辺を**出発系**、右辺を**生成系**と呼びます。

　反応の中には、反応式(2)のように、右にも左にも進行するものがあります。このような反応を**可逆反応**といいます。可逆反応では、右に進行するものを**正反応**、左に進行するものを**逆反応**といいます。それに対して、反応式(1)のように、片方にしか進行しない反応を**不可逆反応**といいます。

　有機反応の多くは、反応式(3)のように、生成物Bがさらに反応して、Cになり、さらにDになり、と、次々に別の分子に変化するものがあります。このような反応を**逐次反応**、あるいは**多段階反応**と呼びます。逐次反応における途中の生成物B、Cなどを**中間体**と呼びます。

化学反応のしかた		
不可逆反応 （一分子反応）	A ──→ B 出発系　　生成系	(1)
可逆反応	正反応 A ⇄ B 　　逆反応	(2)
逐次反応 （多段階反応）	A ─→ B ─→ C ─→ D 出発物　中間体　最終生成物	(3)

反応の中には、反応式(4)のように、2個の分子AとBが衝突して反応し、Cに変化するものがあります。このように、2分子が関与する反応を**二分子反応**といいます。それに対して、反応式(1)のように、1分子Aがいわば勝手に変化する反応を**一分子反応**といいます。

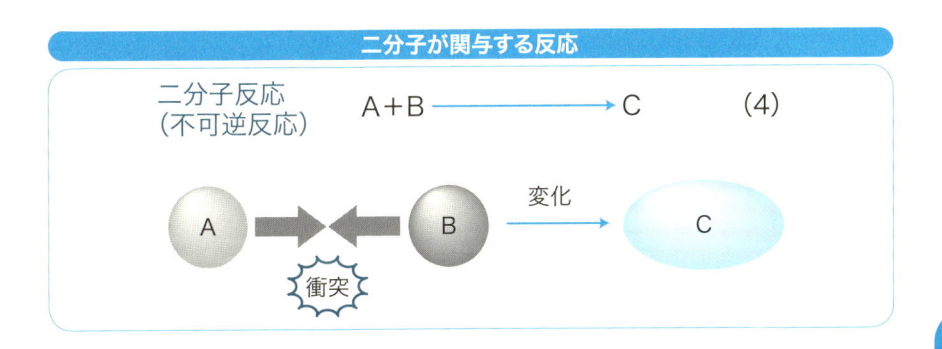

二分子が関与する反応

二分子反応
(不可逆反応)　　A＋B ─────→ C　　(4)

A →←B　衝突　変化→　C

試薬と基質

　二分子反応では、攻撃する分子を**試薬**、攻撃される分子を**基質**ということがあります。しかし、攻撃する、されるは相対的なものですから、どちらを試薬とすべきか迷うことがあります。そのような場合には、一般に、
① 体積的に小さいほうを試薬とする。
② イオンやラジカルを試薬とする。
③ C、H以外の原子で反応するものを試薬とする。
というような傾向はありますが、はっきりした規則ではありませんから、ケースバイケースです。あまりこだわらないほうがよいでしょう。

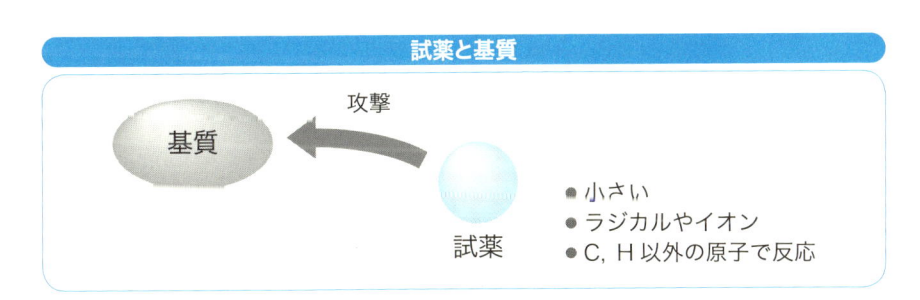

試薬と基質

基質 ←攻撃── 試薬
- 小さい
- ラジカルやイオン
- C, H以外の原子で反応

第7章　有機化合物の反応

7-1 反応って何のこと？

求核反応と求電子反応

　基質がイオン性の場合、攻撃する試薬としない試薬が出てきます。マイナスに荷電した基質を攻撃する試薬を**求電子試薬**といい、その攻撃を**求電子攻撃**といいます。"求電子"というのはマイナス電荷が電子に起因することからつけられたものです。求電子試薬はプラスに荷電していることが多いです。

　それに対して、プラスに荷電した基質を攻撃する試薬を**求核試薬**、その攻撃を**求核攻撃**といいます。"求核"の意味は基質の原子核がプラスに荷電していることに由来するものです。

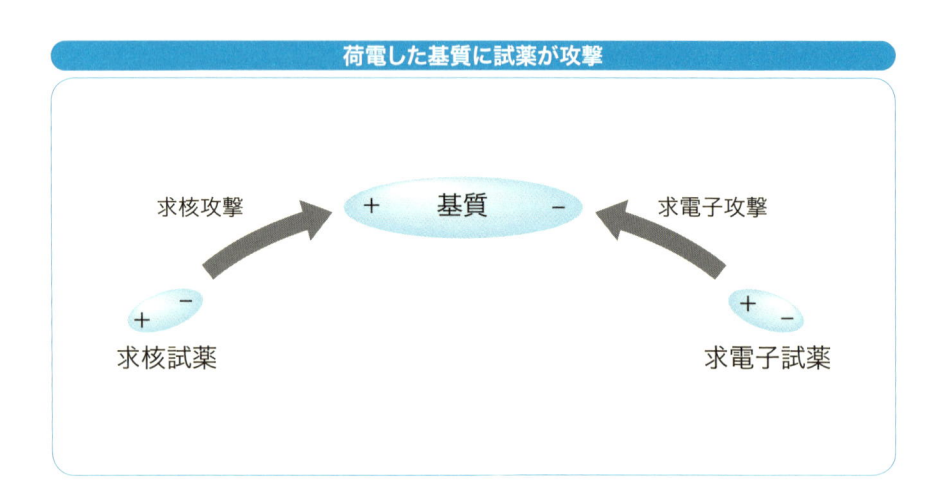

荷電した基質に試薬が攻撃

求核攻撃　→　＋ 基質 －　←　求電子攻撃

求核試薬（＋－）　　　求電子試薬（＋－）

濃度変化

　反応が進行すると、系の濃度が変化します。反応 A ⟶ B では、反応が進行するとAの濃度[A]が減り、代わりにBの濃度[B]が増えます。両方の濃度の和は、常に最初のAの濃度である初濃度$[A]_0$に等しくなります。

　[A]の減り方の速い反応、あるいは[B]の増え方の速い反応は速度の速い反応であり、反対は遅い反応です。反応の速さのことを**反応速度**といいます。

反応速度

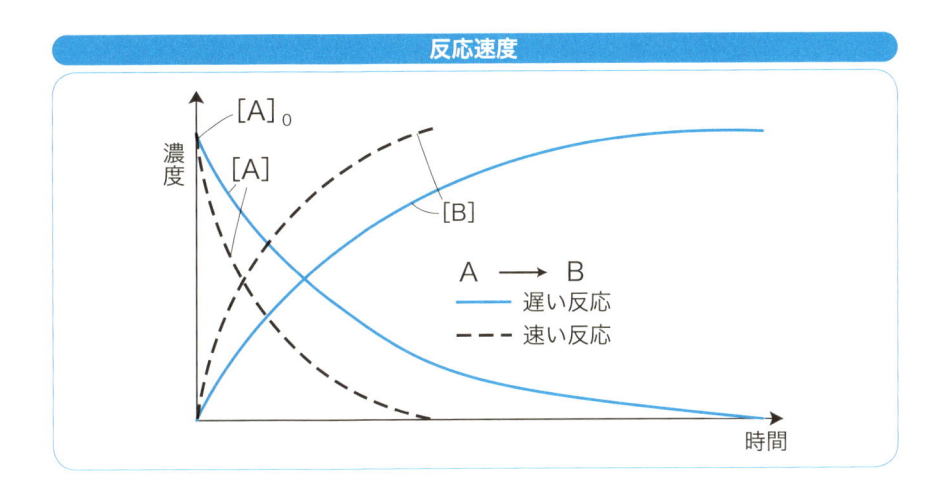

(グラフ: A → B の遅い反応と速い反応における [A]、[B] の濃度の時間変化)

　次の図は、逐次反応 A ⟶ B ⟶ C における各成分の濃度変化を表したものです。中間体 B の濃度には極大が現れています。これは、B をたくさん作ろうと思ったら、極大の時点で反応を止めなければならないことを示しています。反応を続けると B はなくなり C になってしまうからです。

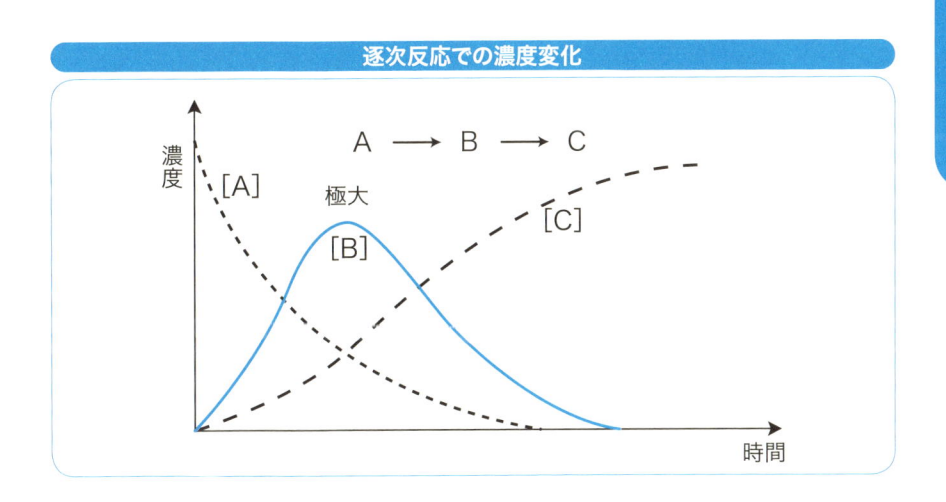

逐次反応での濃度変化

(グラフ: A ⟶ B ⟶ C における [A]、[B]、[C] の濃度の時間変化。[B] に極大が現れる)

● 反応とエネルギー

　炭を燃やす（酸素と反応する）と熱が出ます。これはどういう現象でし

よう。

　原子や分子を構成する電子がエネルギーを持っていたように、分子もエネルギーを持っています。分子のエネルギーを**内部エネルギー**と呼びます。炭素と酸素の反応のエネルギー関係は図のようになります。出発系は炭素と酸素であり、生成系は二酸化炭素です。図のグラフは、この出発系と生成系のエネルギーを比べたものです。出発系のほうが高くなっています。したがって、反応が進行すると、出発系と生成系のエネルギー差ΔEが外部に放出されます。これが熱なのです。このように、反応に伴って出入りする熱を**反応熱**、燃焼の場合なら**燃焼熱**といいます。

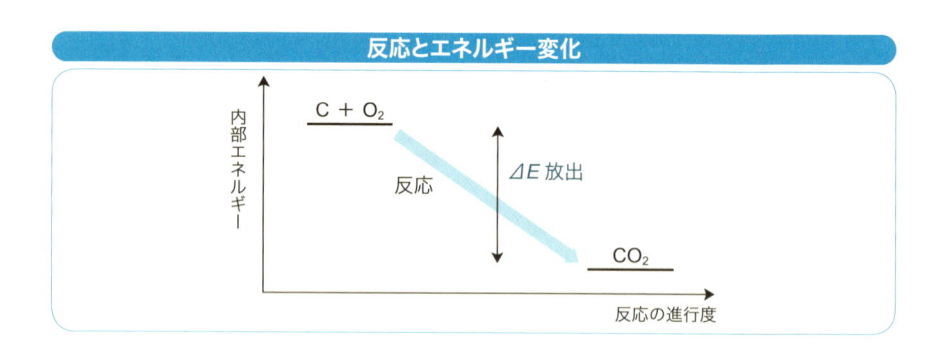

反応とエネルギー変化

（縦軸：内部エネルギー、横軸：反応の進行度。$C + O_2$ から CO_2 へ反応が進み、ΔE 放出）

遷移状態

　炭を燃やせば熱が出るのに、最初に炭を燃やすときにはマッチで火をつけるなどして熱を与えなければなりません。これはなぜなのでしょう。

　これには、化学反応の機構にかかわった問題が絡んでいます。炭素と酸素の反応は、炭素と酸素がいっぺんに二酸化炭素に変わるわけではありません。途中に図のような三角形構造の状態を通ります。この状態では酸素の二重結合は切れ掛かっていますが、炭素と酸素の間の結合はまだできていません。それだけ、不安定で高エネルギーの状態です。このような状態を**遷移状態**といいます。

　炭素と酸素の反応は、一度、この高エネルギー状態を経由しなければ進行しないのです。そして、この遷移状態にのぼるためにマッチの熱を必要としたのです。このエネルギーE_aを**活性化エネルギー**と呼びます。

活性化エネルギーの大きい反応は一般に起こりにくく、起こってもゆっくりと進みます。それに対して、活性化エネルギーの小さい反応は起こりやすく、速く進行します。

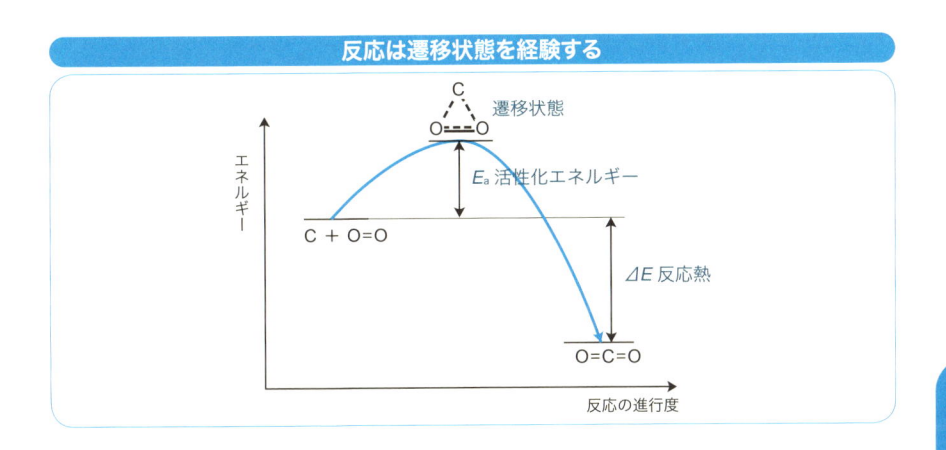

反応は遷移状態を経験する

次図は、逐次反応A→B→Cのエネルギー関係です。この反応は2つの反応A→BとB→Cの組み合わせと見ることができます。そのため、それぞれの段階に遷移状態が存在します。

図からわかるように、遷移状態はエネルギー曲線の頂上に位置し、非常に不安定です。それに対して、中間体Bはエネルギー曲線の谷に相当し、ある程度安定です。これが遷移状態と中間体の違いです。ですから中間体は取り出すことができますが、遷移状態を取り出すことは不可能です。

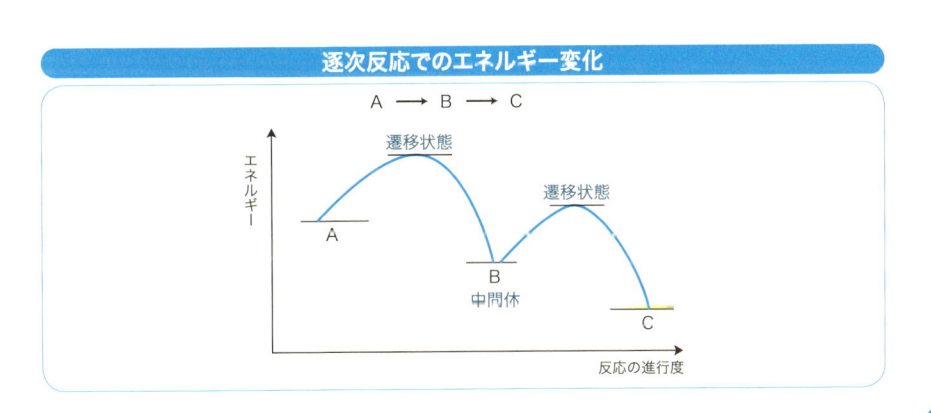

逐次反応でのエネルギー変化

7-2 酸化・還元ってどんな反応？

反応には多くの種類がありますが、その中でも基本的なものに**酸化・還元**反応があります。

酸化反応・還元反応とは何だろう

どのような反応が酸化反応であり、どのような反応が還元反応かを決めることは、難しいことではありませんが、ややこしい面があります。酸化・還元の定義はいろいろあります。

A　酸素での定義

酸化還元の定義は酸素をもとにして定義するのが最も一般的でしょう。ある物質が酸素と反応したとき、その物質は**酸化された**といいます。例えば、炭素Cが酸素O_2と反応して二酸化炭素CO_2になったとき、炭素は酸化されたといいます。

反対に、ある物質が酸素を奪われたとき、その物質は**還元された**といいます。例えば、二酸化炭素が酸素を奪われて一酸化炭素になったとき、炭素(二酸化炭素)は還元されたといいます。

酸素に注目した酸化・還元反応

$C + O_2 \longrightarrow \underline{C}O_2$
　　　　　　酸化された

$CO_2 \longrightarrow \underline{C} + O_2$
　　　　還元された

炭(C)は酸化されて、CO_2になった。

B　水素での定義

酸化・還元は、水素との反応を使って定義することも可能です。ある物質が水素と反応したとき、その物質は**還元された**といいます。

酸素が水素と反応して水になったとき、酸素は還元されたといいます。反対に、水が水素を奪われて酸素になったとき、酸素(水)は**酸化された**といいます。

水素に注目した酸化・還元反応

$$O_2 + 2H_2 \longrightarrow 2\underline{H_2O}$$
還元された

$$2H_2O \longrightarrow \underline{O_2} + 2H_2$$
酸化された

● 酸化と還元の関係

　酸素と水素の反応をもう一度見てみましょう。

　酸素は水素と反応したので還元されました。この反応を水素の側から見てみましょう。この反応で、水素は酸素と反応しています。これは水素が酸化されていることを意味します。つまり、同じ反応を酸素の側から見れば還元反応であり、水素の側から見れば酸化反応になるのです。このように、酸化と還元は常にセットになって進行するのです。

酸化と還元は表裏一体

$$O_2 + 2H_2 \longrightarrow 2H_2O$$

酸化された　　還元された
（酸化反応）　（還元反応）

酸化反応と還元反応はセットで進行する。

第7章　有機化合物の反応

酸化剤と還元剤

相手を酸化するものを**酸化剤**、相手を還元するものを**還元剤**といいます。テルミットという金属混合物があります。酸化鉄Fe_2O_3とアルミニウムAlの混合物です。これを加熱すると、激しく反応して鉄Feと酸化アルミニウムAl_2O_3になります。

この反応で、アルミニウムは鉄から酸素を奪っているので、還元剤ということになります。一方、酸化鉄はアルミニウムに酸素を与えているので、酸化剤ということになります。

そして、この反応で、アルミニウムは酸化され、酸化鉄は還元されています。このように、還元剤は自分自身は酸化され、酸化剤は自分自身は還元されていることになります。

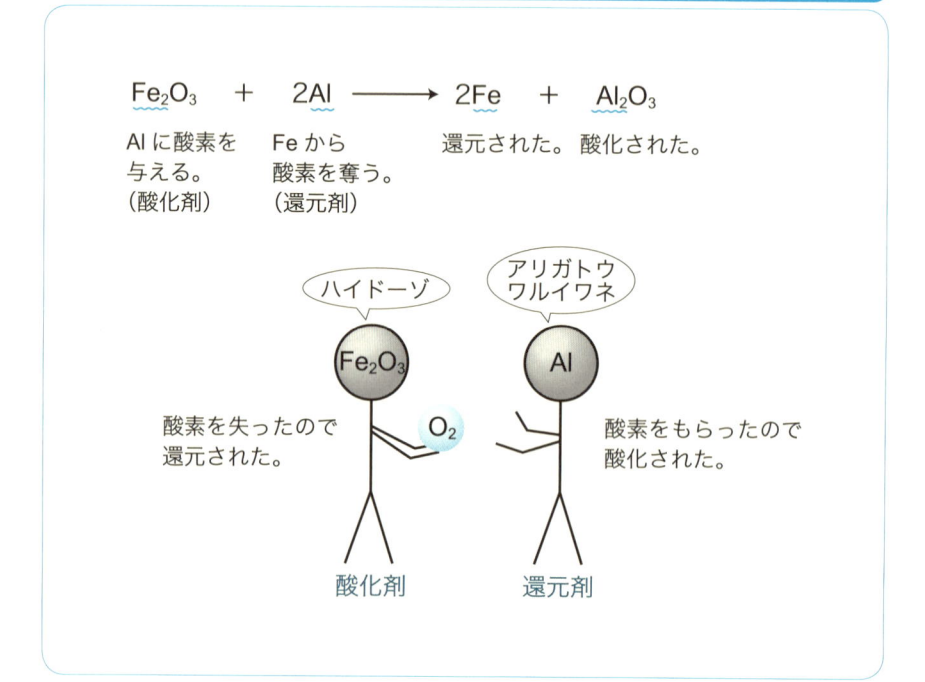

酸化剤と還元剤の関係

$$Fe_2O_3 + 2Al \longrightarrow 2Fe + Al_2O_3$$

- Fe_2O_3：Alに酸素を与える。（酸化剤）
- $2Al$：Feから酸素を奪う。（還元剤）
- $2Fe$：還元された。
- Al_2O_3：酸化された。

Fe_2O_3「ハイドーゾ」
Al「アリガトウ ワルイワネ」

酸素を失ったので還元された。（酸化剤）
酸素をもらったので酸化された。（還元剤）

7-3 置換反応ってどんな反応？

ある置換基Xが別の置換基Yに置き換わる反応を**置換反応**といいます。

置換反応の例

置換反応の例はたくさんあります。塩化物(**1**)に適当な条件で水H_2Oを作用させると、アルコール(**2**)になります。この反応で、置換基$-Cl$は新しい置換基$-OH$に置き換わっているので、この反応は置換反応です。反対に、アルコール(**2**)に塩化水素HClを作用させると、(**1**)になります。

同様に、塩化物(**1**)やアルコール(**2**)にアンモニアNH_3を作用すると、アミン(**3**)になります。

このように、多くの置換基は置換反応によって変化させることができます。

置換基を新しい置換基へ

$$R - X \xrightarrow[-X]{\text{置換反応} +Y} R - Y$$

本体　置換基

$$R-Cl \xrightarrow{H_2O} R-OH + HCl$$
塩化物(**1**)　　　アルコール(**2**)

$$R-OH \xrightarrow{HCl} R-Cl + H_2O$$
(**2**)　塩化水素　(**1**)

$$R-Cl \xrightarrow{NH_3} R-NH_2 + HCl$$
(**1**)　アンモニア　アミン(**3**)

$$R-OH \xrightarrow{NH_3} R-NH_2 + H_2O$$
(**2**)　　　　(**3**)

第7章　有機化合物の反応

置換反応機構

前節で見た炭素と酸素の反応と同様に、どのような反応も出発物から生成物に突然変化するものではありません。途中経過があります。反応の途中経過を表したものを**反応機構**といいます。

置換反応には二つの異なる反応機構があることが知られています。**S_N1 機構**といわれるものと **S_N2 機構**です。どの反応がどちらの機構で進行するかは難しい問題であり、反応条件(温度、溶媒の種類、濃度など)や反応物の構造(置換基の種類)によって変化します。

A　S_N1 反応

S_N1 反応の S は Substitution (置換反応)、N は Nucleophilic (求核)、1 は一分子反応の略です。S_N1 反応は、**一分子求核置換反応**です。

この反応では、出発物(**4**)から置換基 X がマイナスイオンになって脱離し、中間体として陽イオン R^+ (**5**)が生成します。この陽イオン(**5**)に新しい置換基 Y が陰イオン Y^- として攻撃します。すなわち、求核試薬 Y^- による求核攻撃の置換反応です。そして、反応の開始は、(**4**)がいわば自分で勝手に R^+ と X^- に解離したことです。

最初の１分子が陽イオンと陰イオンに分離する反応を１分子反応といい、その生成物に対して求核置換する反応なので、この反応は一分子求核置換反応といわれるのです。

S_N1 反応

$$R\text{-}X \xrightarrow{\text{一分子反応}} R^+ + X^-$$
$$(\mathbf{4}) \qquad\qquad\qquad (\mathbf{5})$$

$$R^+ + Y^- \xrightarrow{\text{求核反応}} R\text{-}Y$$
$$(\mathbf{5}) \qquad\qquad\qquad\qquad (\mathbf{3})$$

B　S$_N$2反応

　S$_N$2反応の2は二分子反応の2です。S$_N$2反応は二分子求核置換反応のことです。この反応の特徴は、反応が2個の分子の衝突によって開始されることです。出発物(**4**)に陰イオンY$^-$が衝突し、途中で2個の置換基XとYを持った中間体陰イオン(**7**)を経由して進行します。

　(**7**)において、結合R−Xは半ば切れ掛かっており、一方、結合R−Yは生成しつつあります。そのため、どちらも半本分の結合と見なせる状態といえます。

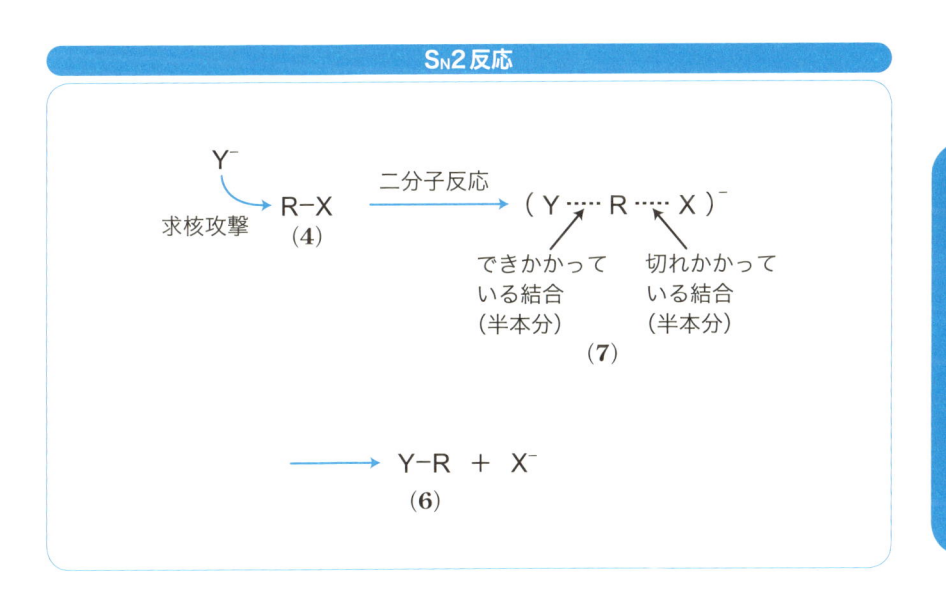

S$_N$2反応

$$Y^- \xrightarrow{\text{求核攻撃}} \underset{(\mathbf{4})}{R-X} \xrightarrow{\text{二分子反応}} \underset{(\mathbf{7})}{(Y \cdots R \cdots X)^-}$$

できかかっている結合（半本分）　切れかかっている結合（半本分）

$$\longrightarrow \underset{(\mathbf{6})}{Y-R} + X^-$$

7-4 脱離反応ってどんな反応？

大きい分子から小さな分子が抜けて行く反応を**脱離反応**といいます。分子が抜けたあとは二重結合や三重結合になります。このため、脱離反応はアルケンやアルキンの合成に使われます。脱離する分子が水の場合には、とくに**脱水反応**ということがあります。

🔵 脱離反応の例

脱離反応の例はたくさんありますが、脱離したあとが二重結合になるものと三重結合になるものとに分けて考えることにしましょう。

A 二重結合生成

臭化物(**1**)から臭化水素HBrが脱離すると、脱離したあとが二重結合になったアルケン(**2**)が生成します。同様に、アルコール(**3**)から水が脱離してもアルケン(**2**)が生成します。

脱離反応

$$R-CH_2-\underset{\underset{\text{臭化物 (1)}}{|}}{\overset{Br}{C}H}-R' \xrightarrow{-HBr} \underset{\text{アルケン (2)}}{R-CH=CH-R'}$$

$$R-CH_2-\underset{\underset{\text{アルコール (3)}}{|}}{\overset{OH}{C}H}-R' \xrightarrow{-H_2O} \underset{\text{(2)}}{R-CH=CH-R'}$$

B 三重結合生成

三重結合を導入するには、脱離反応を2回起こせばよいことになりま

す。臭化物(**4**)から1分子の臭化水素が脱離すると、アルケンの臭化物(**5**)になります。そして(**5**)からもう1分子の臭化水素が脱離すれば、二重結合が三重結合になって、アルキン(**6**)が生成します。

同様の反応は、臭化物(**7**)からも起こすことができます。

脱離反応から三重結合を作る

$$R-\underset{\underset{H}{|}}{\overset{\overset{Br}{|}}{C}}-\underset{\underset{Br}{|}}{\overset{\overset{H}{|}}{C}}-R' \xrightarrow{-HBr} R-\underset{\underset{H}{|}}{C}=\underset{\underset{Br}{|}}{C}-R'$$

臭化物 (**4**) アルケンの臭化物 (**5**)

$$\xrightarrow{-HBr} R-C\equiv C-R'$$

アルキン (**6**)

$$R-\underset{\underset{Br}{|}}{\overset{\overset{Br}{|}}{C}}-\underset{\underset{H}{|}}{\overset{\overset{H}{|}}{C}}-R' \xrightarrow{-2HBr} R-C\equiv C-R'$$

臭化物 (**7**) (**6**)

反応選択性

アルコール(**8**)から水を脱離するとアルケンになりますが、脱離することのできる水素は2種類あります。H_aとH_bです。H_aが脱離すると、生成物は(**9**)になり、H_bが脱離すると、(**10**)になります。

実際の反応はどのように進行するのでしょう。このような場合、生成する可能性のある生成物(**9**と**10**)が1：1の比で生成すれば問題ないのですが、多くの場合、どちらかが多いか、あるいはどちらか片方しか生成しません。このような反応を、一般に**選択性を持った反応**といいま

す。

　実際に反応させると、アルコール(**8**)からはアルケン(**10**)しか生成しません。その原因は、二重結合の周りについている置換基の個数の違いです。一般に、二重結合には多くの置換基が付いたほうが安定になるのです。置換基の個数を数えると、(**9**)にはエチル基1個しかありませんが、(**10**)には2個のメチル基があります。このため、(**10**)のほうが安定となり、もっぱら(**10**)だけが生成するのです。

　このように、脱離反応において、二重結合に置換基のたくさんついたものが優先して生成することを、発見した化学者の名前を取って**ザイツェフ則**といいます。

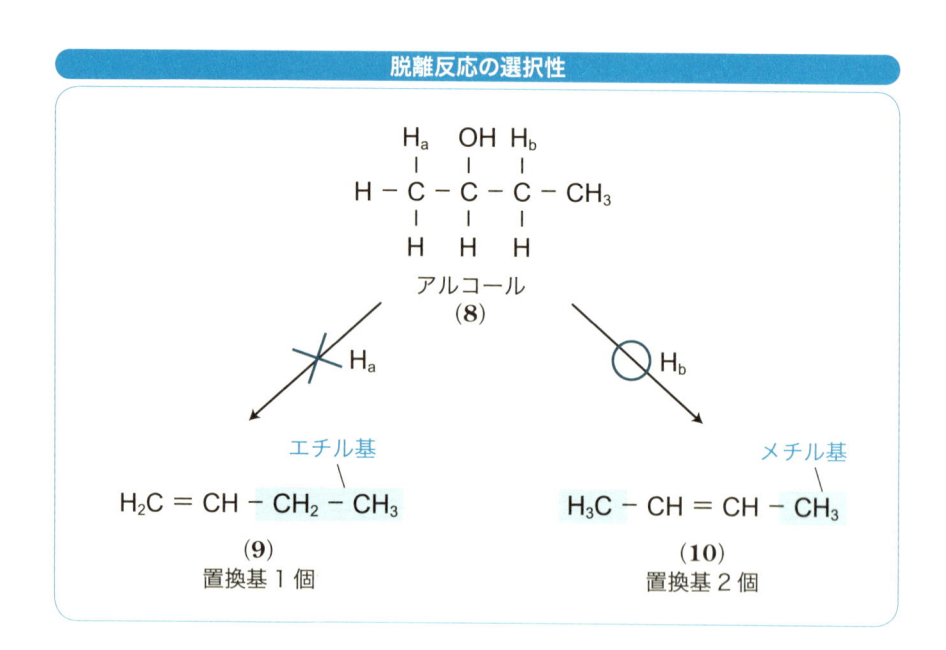

脱離反応の選択性

$$H_a \quad OH \quad H_b$$
$$H-\overset{|}{\underset{|}{C}}-\overset{|}{\underset{|}{C}}-\overset{|}{\underset{|}{C}}-CH_3$$
$$H \quad H \quad H$$

アルコール(**8**)

✗ H_a 　　　　　○ H_b

エチル基　　　　　　　　　　メチル基
$H_2C=CH-CH_2-CH_3$ 　　　$H_3C-CH=CH-CH_3$
　　　(**9**)　　　　　　　　　　　(**10**)
　　置換基1個　　　　　　　　　置換基2個

脱離反応機構

　置換反応に反応機構があったように、脱離反応にも反応機構があります。

A　E1反応

　E1反応のEはElimination(脱離)の略であり、1は一分子反応を意味

します。日本語では**一分子脱離反応**といいます。

この反応は、途中までS_N1反応と同じです。まず、出発物(**11**)から置換基Xが陰イオンとして抜けます。このように、脱離する置換基をとくに**脱離基**ということがあります。そして、中間体として生じた陽イオン(**12**)から水素がプロトン(水素陽イオン)として外れて、生成物(**13**)を与えるのです。

E1反応

$$R-\underset{(11)}{\overset{H\quad X}{CH-CH}}-R' \xrightarrow[\text{一分子}]{-X^-} R-\underset{(12)}{\overset{H}{CH-\overset{+}{CH}}}-R' \xrightarrow{-H^+} R-\underset{(13)}{CH=CH}-R'$$

曲がった矢印(↝)は、電子の移動を表します。

B　E2反応

E2反応の2は二分子反応を意味し、日本語で**二分子脱離反応**といいます。この反応は、S_N2反応に対応するものといえます。

この反応には求核試薬B^-が必要です。出発物(**11**)においてB^-が脱離基Xの隣の水素を攻撃してHBとなり、それと同時に、XがX^-として外れて生成物(**13**)を与えるのです。

E2反応

求核試薬 $B^- \rightarrow$ 攻撃

$$R-\underset{(11)}{CH-CH}-R' \xrightarrow{-BH,\ X^-} R-\underset{(13)}{CH=CH}-R'$$

第7章　有機化合物の反応

7-4 脱離反応ってどんな反応？

7-5 付加反応ってどんな反応？

　二重結合に小さな分子が付加し、二重結合が単結合になる反応を、**付加反応**といいます。同様な付加反応が三重結合に起きると、二重結合が生成します。

🔵 臭素付加

　アルケン(**1**)に臭素Br_2を作用させると、2個の臭素原子が二重結合を作る2個の炭素原子に結合し、1,2-二臭化物(**2**)となります。

臭素の付加反応

$$R_2C=CR_2 \xrightarrow{Br_2} R_2C(Br)-C(Br)R_2$$

アルケン　　　　　　　　　1,2-二臭化物
(**1**)　　　　　　　　　　　(**2**)

　臭素は赤黒い液体であり、臭化物は多くの場合、無色です。ですから、二重結合を持っている化合物に赤黒い臭素を加えると、臭素の色が消えて無色になります。しかし、二重結合を持っていない化合物は臭素と反応しないので、臭素を加えると赤くなります。

　このように、色の変化で、その化合物に二重結合が有るか無いかがわかるので、構造が未知の化合物の構造を推定する場合に役に立ちます。このように、簡単な操作で化合物の性質や構造の情報を与えてくれる反応を**定性反応**といいます。

臭素を使った定性反応

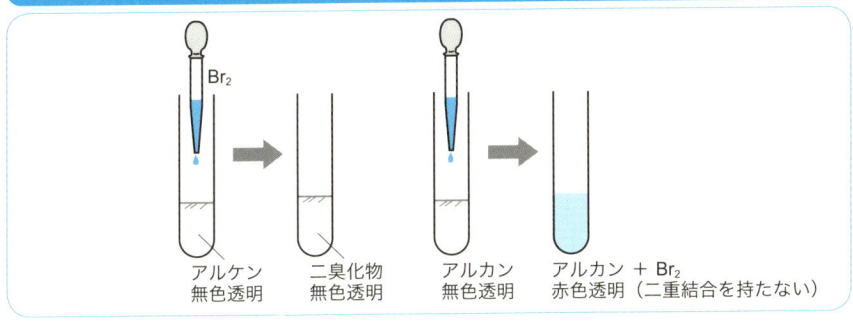

アルケン　二臭化物　アルカン　アルカン ＋ Br_2
無色透明　無色透明　無色透明　赤色透明（二重結合を持たない）

● 接触還元反応

　アルケン(**1**)に水素ガスを吹き込んでも決して反応は起きません。しかし、パラジウム Pd などの金属触媒を加えると、水素は二重結合に付加し、二重結合が単結合になり、アルカン(**3**)が生成します。このように、金属触媒を用いた水素付加反応を一般に**接触還元反応**（接触水素添加）といいます。

接触還元反応

アルケン (**1**) → アルカン (**3**)　（H_2, Pd 触媒）

　アセチレン誘導体(**4**)に接触還元をすると、生成物はシス体(**5**)のみとなり、トランス体(**6**)は生成しないので、この反応は選択性のある反応です。反応機構は次のように考えられます。まず、水素分子が触媒金属の表面に吸着し、高い反応性をもつ活性水素となります。

　この状態の水素に三重結合が近づくと、活性水素は待ってましたとばかりに2個の原子が同時に三重結合に飛び掛かります。そのため、2個の水素が三重結合の同じ側に結合して、シス体ができるのです。

アセチレン誘導体の接触還元反応（シス付加反応）

R−C≡C−R （アセチレン誘導体 (4)） → [H₂, Pd触媒] シス体 (5) ○ ／ トランス体 (6) ×

活性水素 H---H / Pd → R−C≡C−R → シス体生成

HBr付加

アルケンに臭化水素HBrを作用すると、臭素の場合と同じように、二重結合を構成する２個の炭素の片方にH、片方にBrが付加して、一臭化物が生成します。

アルケン(7)にHBrを付加させたらどうなるでしょうか。(7)は二重結合に関して左右非対称です。したがって、Brが左の炭素に付いたら(8)となり、右の炭素に付いたら(9)になります。しかし、この反応にも選択性が働いており、(8)が優先的に生成します。

なぜなら、アルケンの２個の二重結合炭素のうち、置換基をたくさん持った炭素にBrが結合するからです。これを、発見者の名前をとって**マルコニコフ則**といいます。

マルコニコフ則

非対称アルケン (7) + HBr →
(8) R−C(R)(Br)−C(H)(H)−H ○ アルキル基２個
(9) R−C(R)(H)−C(H)(Br)−H × アルキル基１個

第8章
官能基の反応

1 アルコールってどんな反応をするの？
2 カルボン酸ってどんな反応をするの？
3 アルデヒド・ケトンってどんな反応をするの？
4 アミンってどんな反応をするの？

8-1 アルコールってどんな反応をするの？

官能基は強力な影響力を持っています。分子全体の性質、反応性がその官能基の影響下に置かれるのです。したがって、分子が持っている官能基を見れば、その分子の性質、反応性がわかることになります。

● アルコールの種類と性質

アルキル基にヒドロキシ基のついたものを一般に**アルコール**といいます。典型的なものはエタノールとメタノールでしょう。ヒドロキシ基のついた炭素にアルキル基が0〜1個ついたものを**第一級アルコール**、2個、3個ついたものをそれぞれ**第二級**、**第三級アルコール**といいます。また、分子内に2個、3個のヒドロキシ基を持ったものをそれぞれ**二価アルコール**、**三価アルコール**といいます。

アルコールの種類

一価アルコール		多価アルコール	
CH_3-OH	メタノール（第一級アルコール）	CH_2-CH_2 $\ \ |\ \ \ \ \ \ |$ $OH\ \ \ \ OH$	エチレングリコール（二価アルコール）
CH_3CH_2-OH	エタノール（アルコール）（第一級アルコール）		
$(CH_3)_2CH-OH$	イソプロピルアルコール（第二級アルコール）	$CH_2-CH-CH_2$ $\ |\ \ \ \ \ |\ \ \ \ \ |$ $OH\ \ OH\ \ OH$	グリセリン（三価アルコール）
$(CH_3)_3C-OH$	ターシャリーブタノール（第三級アルコール）		
一価フェノール		二価フェノール	
⌬-OH	フェノール	HO-⌬-OH	ヒドロキノン

アルコールは一般に中性で、メタノールやエタノールなど、分子量の小さいものは水によく溶けます。各種の化学反応の原料に用いられるほ

か、反応溶媒、洗浄溶媒などにも用いられます。エタノールは各種溶媒として優れていますが、飲用になるため、酒税が掛かって高価になります。そこで、エタノールに各種不純物を混ぜて飲用にならないものを作り、それを工業用として酒税なしで販売します。これを工業用アルコールといいます。

一方、ベンゼン環にヒドロキシ基のついたものを**フェノール**といいます。フェノールは弱い酸性を示します。そのため、フェノールは**石炭酸**とも呼ばれることがあります。

アルコールとフェノール

$$R-O-H \xrightarrow{\text{(解離しない)}} \times \rightarrow R-O^- + H^+ \quad \text{中性}$$

$$\text{フェノール（石炭酸）} \quad C_6H_5-O-H \rightarrow C_6H_5-O^- + H^+ \quad \text{酸性}$$

● アルコールの合成

アルコールは、塩化物やアミンをOH^-で置換反応を行うことによって合成できます。また、アルケンに水を付加させても生成します。エタノールの工業的合成法は、エチレンと水の付加反応です。

アルコールの合成方法

$$R-X + OH^- \rightarrow R-OH + X^-$$
（アルコール）

$$\underset{R}{\overset{R}{}}C=C\underset{R}{\overset{R}{}} + H_2O \rightarrow R-\underset{H}{\overset{R}{C}}-\underset{OH}{\overset{R}{C}}-R$$
（アルコール）

$$H_2C=CH_2 + H_2O \rightarrow CH_3-CH_2-OH$$
エチレン　　　　　　　　エタノール

● アルコールの反応

アルコールは多くの種類の反応をします。その代表的なものを見てみましょう。

A　金属との反応

アルコール(**1**)はアルカリ金属と激しく反応し、アルコキシド(**2**)とともに水素を発生します。爆発的な反応になるので、十分な注意が必要です。

アルカリ金属との反応

$$R-OH + Na \longrightarrow R-ONa + \frac{1}{2}H_2$$

アルコール　　ナトリウム　　　ナトリウム
　(**1**)　　（アルカリ金属）　アルコキシド
　　　　　　　　　　　　　　　　(**2**)

B　置換反応

前章で見たように、各種の求核試薬 X^- と反応して置換反応を行います。

置換反応

$$R-OH + X^- \longrightarrow R-X + OH^-$$

C 分子内脱離反応：二重結合生成

これも前章で見たとおり、E1反応、E2反応を行って、水を脱離し、二重結合、アルケン(**3**)を生成します。この反応は、脱離する2つの原子団、HとOHがともに1つの分子から取れるので、**分子内脱離反応**と呼ばれます。

1分子の中で水の脱離

$$R-\underset{H}{C}H-\underset{OH}{C}H-R' \xrightarrow[-H_2O]{\text{分子内脱離}} R-CH=CH-R' \text{ アルケン (3)}$$

D 分子間脱離反応：エーテル生成

2分子のアルコール(**1**)の間から1分子の水が取れると、エーテル(**4**)が生成します。これは、分子間での脱離になるので、**分子間脱離反応**と呼ばれ、エーテルを作るのに用いられます。

エタノール(**5**)は、130～140℃で脱水すると、分子間脱離が起きてジエチルエーテル(**6**)になり、160℃以上の温度では、分子内脱離によってエチレン(**7**)が生成します。

低温では分子間で水の脱離

$$R-O-H \quad H-O-R \xrightarrow[-H_2O]{\text{分子間脱離}} R-O-R \text{ エーテル (4)}$$

2分子のアルコール (**1**)

CH_3CH_2-OH エタノール (**5**)
- 130～140℃ → $CH_3CH_2-O-CH_2CH_3$ ジエチルエーテル (**6**)
- 160℃以上 → $CH_2=CH_2$ エチレン (**7**)

エーテルには、酸素原子の両側に同じ置換基がついたものと、異なる置換基がついた**混成エーテル**があります。混成エーテル(**8**)を作るために、アルコール(**9**)と(**10**)を用いた分子間脱水反応を行うと、異なる3種類のエーテル(**8**)、(**11**)、(**12**)が混じって生成することになります。この方法では、欲しいエーテル(**8**)だけを作ることはできません。

エーテル(**8**)を作るときには、アルコキシド(**13**)と臭化物(**14**)を反応させます。このようにして、エーテルを作る方法を、発見者の名前をとって**ウィリアムソン合成**と呼びます。

ウィリアムソン合成

$$\left.\begin{array}{l} R^1-O-H \\ (9) \\ R^2-O-H \\ (10) \end{array}\right\} \xrightarrow{\text{分子間脱水}} \begin{cases} R^1-O-R^2 \quad (8) \\ R^1-O-R^1 \quad (11) \\ R^2-O-R^2 \quad (12) \end{cases}$$

$$R^1-O-Na \quad Br-R^2 \xrightarrow{-NaBr} R^1-O-R^2$$
$$(13) \qquad (14) \qquad\qquad (8)$$

E 酸化反応

アルコールは酸化されますが、その反応はアルコールの種類によって異なります。

a 第一級アルコールを酸化すると、アルデヒドになります。しかし、アルデヒドはアルコールよりも酸化されやすい性質を持ちます。そのため、反応条件下で直ちに酸化されて、カルボン酸になりやすいです。

b 第二級アルコールを酸化すると、ケトンになります。

c 第三級アルコールは酸化されません。

酸化反応

$R-CH_2-OH$ 第一級アルコール $\xrightarrow{(O) \ 酸化}$ $R-C{\lessgtr}^O_H$ アルデヒド $\xrightarrow{(O)}$ $R-C{\lessgtr}^O_{OH}$ カルボン酸

$R-\overset{R}{\underset{}{C}}H-OH$ 第二級アルコール $\xrightarrow{(O)}$ $\overset{R}{\underset{R}{}}C=O$ ケトン

$R-\overset{R}{\underset{R}{C}}-OH$ 第三級アルコール $\xrightarrow{(O) \ ×}$ 酸化されない。

第8章 官能基の反応

8-1 アルコールってどんな反応をするの？

8-2 カルボン酸ってどんな反応をするの？

カルボキシ基-COOHを持つ化合物を**カルボン酸**といいます。カルボン酸は、その名前のとおり酸であり、電離してH^+を放出します。

カルボン酸の種類

カルボン酸には多くの種類がありますが、代表的なものを図に示しました。

ギ酸は最も小さい酸であり、分子内にカルボキシ基-COOHとホルミル基-CHOという2種類の官能基を持っています。そのため、カルボン酸の性質とアルデヒドの性質の両方を持っています。

酢酸はエタノールの酸化によって得られ、酢の成分（3％程度）になっています。安息香酸は芳香族のカルボン酸です。安息香酸は安息香という香りを持った樹脂の成分ですが、安息香酸に香りはありません。

シュウ酸は、カルボキシ基を2個持った二価カルボン酸です。フタル酸やテレフタル酸は、芳香族の二価カルボン酸です。

カルボン酸の仲間

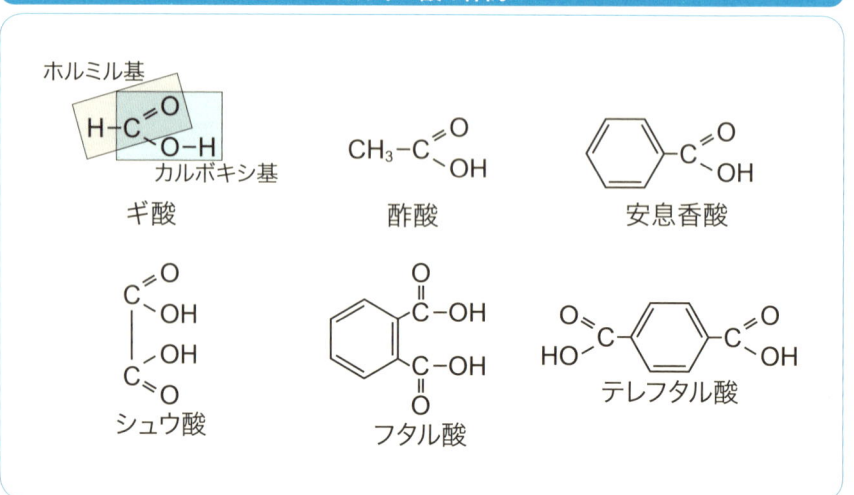

ホルミル基／カルボキシ基
ギ酸　酢酸　安息香酸
シュウ酸　フタル酸　テレフタル酸

● カルボン酸の性質

カルボン酸の最も顕著な性質は、酸であるということです。

A　酸・酸性

酸は物質の種類であり、酸性は水溶液の示す性質です。酸は電離して、水素イオンH^+を出す物質であり、カルボン酸はこの定義に完全に当てはまります。一般にカルボン酸は弱い酸であり、酢酸は弱酸の典型とされます。

酸としての性質

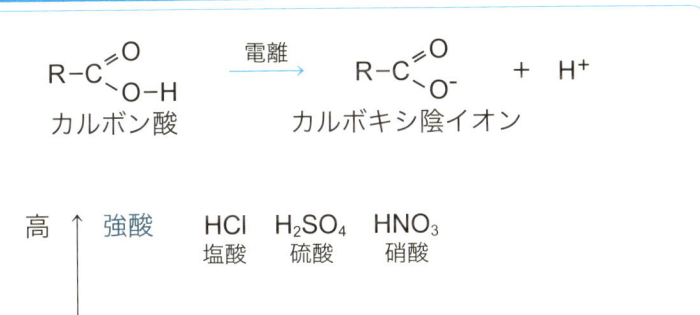

$$R-C{\stackrel{=O}{\diagdown O-H}} \xrightarrow{電離} R-C{\stackrel{=O}{\diagdown O^-}} + H^+$$

カルボン酸　　　　　カルボキシ陰イオン

高 ↑	強酸	HCl 塩酸	H_2SO_4 硫酸	HNO_3 硝酸
低	弱酸	CH_3COOH 酢酸	H_2CO_3 炭酸	
H^+を出す能力				

中性の水にはH^+とOH^-が存在し、その濃度は等しくて、ともに10^{-7} mol/Lです。酸性とは、溶液中の水素イオン濃度が中性の水より高い状態であり、塩基性とは、低い状態(その分OH^-が多くなる)です。H^+の濃度はpH ($-\log[H^+]$) で表すので、中性でpH＝7、酸性ではpH＜7、塩基性ではpH＞7となります。

したがって、カルボン酸の溶液は酸性であり、pHは7より小さくなりますが、どれくらいの値になるかはカルボン酸の種類と濃度によります。

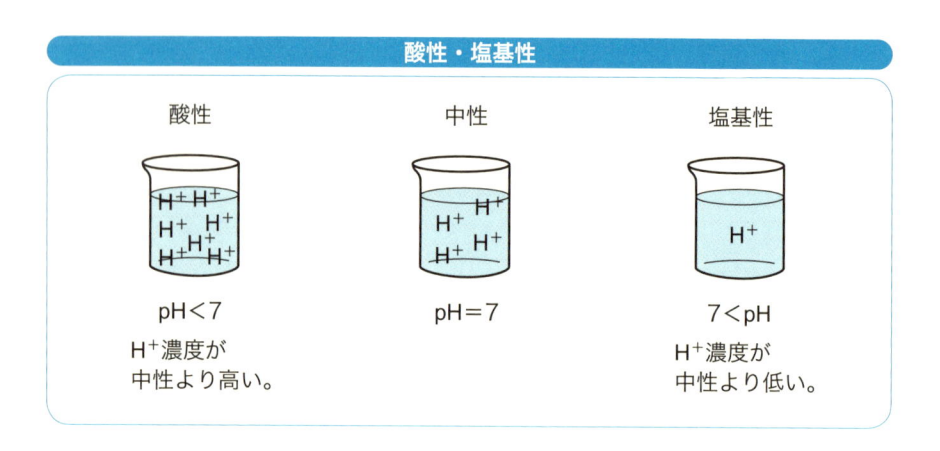

酸性・塩基性

酸性
pH＜7
H⁺濃度が中性より高い。

中性
pH＝7

塩基性
7＜pH
H⁺濃度が中性より低い。

B 二量体

カルボン酸はちょうど2分子で2カ所に水素結合を作ることのできる構造になっています。そのため、とくに安息香酸は、図に示したような二量体を作っています。

二量体

安息香酸の二量体

カルボン酸の合成

カルボン酸の合成法はたくさんありますが、おもなものは次のとおりで、すべて酸化反応です。

A　アルコール・アルデヒドの酸化

第一級アルコールを酸化すると、アルデヒドを経て、カルボン酸になります（137pの酸化反応の図）。

B　アルケンの酸化的切断

アルケン（**1**）を酸化的に切断すると、アルデヒドを経て、カルボン酸になります。

アルケンからカルボン酸

$$\underset{\text{アルケン（1）}}{\overset{R}{\underset{H}{>}}C=C\overset{R}{\underset{H}{<}}} \xrightarrow{(O)} \underset{\text{アルデヒド}}{R-C\overset{O}{\underset{H}{<}}} \xrightarrow{(O)} \underset{\text{カルボン酸}}{R-C\overset{O}{\underset{OH}{<}}}$$

C　芳香族炭化水素の側鎖の酸化

アルキル基を持った芳香族を酸化すると、側鎖が酸化されて、カルボキシ基になります。

芳香族の側鎖を酸化

Ph−R $\xrightarrow{(O)}$ Ph−COOH

● カルボン酸の反応

カルボン酸は多くの種類の反応を行います。そのおもなものを見てみましょう。

A　脱炭酸

カルボン酸を強熱すると、二酸化炭素を脱離します。この反応を**脱炭酸**といいます。

強熱して脱炭酸

$$R-COOH \xrightarrow{強熱} R-H + CO_2$$

B 還元

カルボン酸を水素化アルミニウムリチウムで還元すると、第一級アルコールになります。

還元して第一級アルコールに

$$R-COOH \xrightarrow{LiAlH_4} R-CH_2-OH$$

C 酸無水物

カルボン酸から水が取れたものを、一般に**酸無水物**といいます。酢酸からできたものは無水酢酸です。それに対して、普通の酢酸は温度が低くなる(融点16.7℃)と凍って氷のようになるので、**氷酢酸**と呼ばれることがあります。フタル酸は脱水すると、無水フタル酸となります。

脱水して酸無水物に

$$R-\underset{O}{\overset{O}{C}}-OH \quad H-O-\underset{O}{\overset{O}{C}}-R \xrightarrow{-H_2O} R-\underset{O}{\overset{O}{C}}-O-\underset{O}{\overset{O}{C}}-R$$
酸無水物

$$CH_3-\underset{O}{\overset{O}{C}}-OH \quad H-O-\underset{O}{\overset{O}{C}}-CH_3 \xrightarrow{-H_2O} CH_3-\underset{O}{\overset{O}{C}}-O-\underset{O}{\overset{O}{C}}-CH_3$$
(氷)酢酸　　　　　　　　　　　　　　　　　　　　無水酢酸

フタル酸 $\xrightarrow{-H_2O}$ 無水フタル酸

D エステル化

カルボン酸とアルコールの間で脱水が起こると、エステルが生成します。この反応を**エステル化**といいます。エステルは一般に良い香りを持ち、果実には多くのエステル類が含まれています。酢酸とエタノールからできたエステルは酢酸エチルと呼ばれ、各種の溶剤に用いられますが、毒性があるため、家庭用には使われていません。

a 加水分解

反対に、エステルに水を作用させると、カルボン酸とアルコールになります。この反応を(エステルの)**加水分解**といいます。

エステル化と加水分解

$$R-\overset{O}{\underset{\|}{C}}-O-H + H-O-R' \underset{\text{加水分解}}{\overset{\text{エステル化}}{\rightleftarrows}} R-\overset{O}{\underset{\|}{C}}-O-R' + H_2O$$

カルボン酸　アルコール　　　　　　　　　エステル

$$CH_3-\overset{O}{\underset{\|}{C}}-O-H + H-O-CH_2CH_3 \xrightarrow{-H_2O} CH_3-\overset{O}{\underset{\|}{C}}-O-CH_2CH_3$$

酢酸　　　　　エタノール　　　　　　　　　酢酸エチル

---

b エステル化の反応機構

エステル化に伴って水が脱離しますが、この水の酸素は、カルボン酸、アルコール、どちらから来たのでしょう。次頁の図で、水は①で取れたのでしょうか。それとも②で取れたのでしょうか。

この問題を明らかにするためには、酸素に印をつければよいことがわかります。カルボン酸の酸素を同位体の ^{18}O にするのです。そして生成した水の分子量を量り、分子量が20なら、①で進行したことになり、18なら②で進行したことになります。

実際に実験したところ、水の分子量は20でした。したがって、エステル化は、カルボン酸のOHとアルコールのHの組み合わせによる脱水で進行していることが明らかになりました。

エステル化の仕方

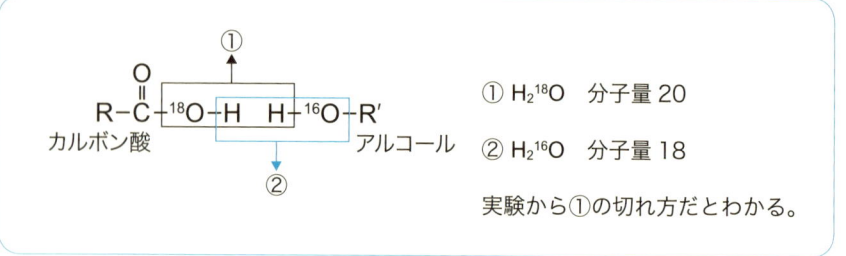

$$R-C(=O)-{}^{18}O-H \quad H-{}^{16}O-R'$$

カルボン酸　　　　　　　アルコール

① $H_2{}^{18}O$　分子量 20

② $H_2{}^{16}O$　分子量 18

実験から①の切れ方だとわかる。

E　アミド化

　カルボン酸とアミンを反応すると、両者の間で水が取れ、アミドが生成します。この反応はエステル化とまったく同じに考えることができます。アミド化は、後に見るように、ナイロン合成やタンパク質合成に使われている重要な反応です。

アミド化

$$R-\underset{\text{カルボン酸}}{C(=O)-O-H} + \underset{\text{アミン}}{H-N(H)-R'} \xrightarrow{-H_2O} \underset{\text{アミド}}{R-C(=O)-N(H)-R'}$$

8-3 アルデヒド・ケトンってどんな反応をするの？

カルボニル基 >C=O を持ったものを一般に**ケトン**、ホルミル基 –CHO を持ったものを一般に**アルデヒド**といいます。ホルミル基は部分構造としてカルボニル基を持つので、アルデヒドはカルボニル基を持ったカルボニル化合物の一種とみなすこともできます。

そこで、ケトンとアルデヒドを合わせて、**カルボニル化合物**と呼ぶことがあります。カルボニル基は反応性の高い官能基であり、カルボニル化合物は化学反応の出発物質として欠かせないものです。

ケトンとアルデヒド

$$\begin{array}{c} R \\ R' \end{array}\!\!C=O \qquad R-C\!\!\begin{array}{c} O \\ H \end{array}\text{カルボニル基}$$

　　カルボニル基　　　　ホルミル基
　　　ケトン　　　　　　アルデヒド
　　　　　　カルボニル化合物

● アルデヒドの種類と性質

カルボニル基に水素と炭素原子団がついたものを**アルデヒド**といいます。アルデヒドは、第一級アルコールを注意深く酸化することによって合成することができます。

A　アルデヒドの種類

図にいくつかのアルデヒドを示しました。アセトアルデヒドは、お酒を飲むと、体内に入ったアルコールが酸化酵素によって酸化されて生成するもので、二日酔いの原因といわれています。

アルデヒドの仲間

ホルムアルデヒド　アセトアルデヒド　ベンズアルデヒド

B　アルデヒドの性質

アルデヒドは酸化されやすい物質です。

a　還元性

第7章第2節で見たように、酸化されやすいということは相手を還元する性質があるということです。この還元性はアルデヒドの大きい特徴になっています。なお、前節で見たように、ギ酸はカルボン酸ですが、ホルミル基を持っているので、還元性を持った特殊な酸であることになります。

アルデヒドの還元性を見る定性反応に、フェーリング反応と銀鏡反応があります。

b　フェーリング反応

硫酸銅(Ⅱ)$CuSO_4$の青い水溶液にアルデヒドを加えると、Cu^{2+}イオンが還元されてCu^+となり、酸化銅(Ⅰ)Cu_2Oの赤い沈殿が生成します。これを**フェーリング反応**といいます。

c　銀鏡反応

硝酸銀$AgNO_3$水溶液の無色の液体にアルデヒドを加えて加熱すると、容器の表面に金属銀が析出して銀鏡ができます。これを**銀鏡反応**といいます。

アルデヒドの検出法

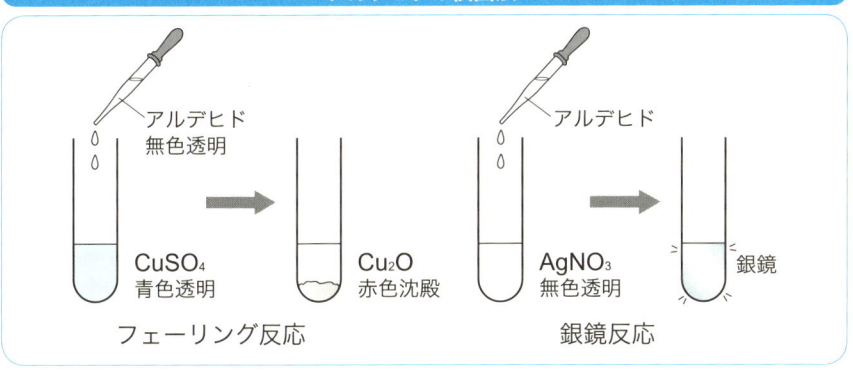

フェーリング反応
アルデヒド（無色透明）を $CuSO_4$（青色透明）に加えると Cu_2O（赤色沈殿）が生じる。

銀鏡反応
アルデヒド（無色透明）を $AgNO_3$（無色透明）に加えると銀鏡が生じる。

ケトンの種類と合成

カルボニル基に2個の炭素原子団がついたものを**ケトン**といいます。

A　ケトンの種類

図にいくつかのケトンを示しました。アセトンは有機物を溶かす力が大きいので、塗料の溶剤など、各種溶媒として用いられます。

B　ケトンの合成

ケトンは第二級アルコールを酸化するか、アルケンを酸化的に切断することによって合成されます。

ケトン

- $\begin{matrix}CH_3\\CH_3\end{matrix}\!>\!C=O$　アセトン（ジメチルケトン）
- $\begin{matrix}CH_3CH_2\\CH_3\end{matrix}\!>\!C=O$　エチルメチルケトン
- $\begin{matrix}C_6H_5\\C_6H_5\end{matrix}\!>\!C=O$　ベンゾフェノン（ジフェニルケトン）

第二級アルコール：
$\begin{matrix}R\\R'\end{matrix}\!>\!C\!<\!\begin{matrix}H\\OH\end{matrix} \xrightarrow{(O)} \begin{matrix}R\\R'\end{matrix}\!>\!C=O$

アルケン：
$\begin{matrix}R\\R'\end{matrix}\!>\!C=C\!<\!\begin{matrix}R\\R'\end{matrix} \xrightarrow{(O)} \begin{matrix}R\\R'\end{matrix}\!>\!C=O$

第8章　官能基の反応

8-3　アルデヒド・ケトンってどんな反応をするの？

カルボニル化合物の反応

カルボニル化合物は反応性が高く、反応の種類も多岐に渡ります。ここではそのうち、基本的なものをいくつか紹介しましょう。

A　酸化・還元
a　酸化：アルデヒドを酸化すると、カルボン酸になります。しかし、ケトンはそれ以上酸化されることはありません。

b　還元：アルデヒドを還元すると、第一級アルコールになります。それに対して、ケトンを還元すると、第二級アルコールになります。

カルボニル化合物の酸化と還元

アルデヒド $R-CHO$ $\xrightarrow{\text{酸化}(O)}$ カルボン酸 $R-COOH$

ケトン $\underset{R'}{\overset{R}{>}}C=O \xrightarrow{(O)\;\times}$ 酸化されない

アルデヒド $R-CHO \xrightarrow{\text{還元}(H)}$ 第一級アルコール $R-CH_2-OH$

ケトン $\underset{R'}{\overset{R}{>}}C=O \xrightarrow{(H)}$ 第二級アルコール $\underset{R'}{\overset{R}{>}}CH-OH$

B　アセタール

ケトン(**1**)に水が付加すると、二価のアルコール(**2**)が生成します。同様に、ケトン(**1**)にアルコールが付加すると、ヘミアセタール(**3**)となります。ヘミアセタール(**3**)にもう1分子のアルコールが置換すると、アセタール(**4**)となります。

アセタールの生成

$$R_2C=O \xrightarrow[\text{付加}]{HO-H, H_2O} R_2C(OH)_2$$

ケトン (1) → 二価のアルコール (2)

$$R_2C=O \xrightarrow[\text{付加}]{R-OH} R_2C(OR)(OH) \xrightarrow[\text{置換}]{R-OH} R_2C(OR)_2$$

ケトン (1) → ヘミアセタール (3) → アセタール (4)

C　シアノヒドリン

ケトン(1)に青酸が付加すると、シアノヒドリン(5)が生成します。シアノヒドリン(5)に酸を作用すると、青酸が発生します。青酸は猛毒なので、シアノヒドリンの扱いには十分な注意が必要です。

シアンヒドリンの生成

$$R_2C=O \xrightarrow[\text{付加}]{NC-H, \text{青酸 HCN}} R_2C(CN)(OH)$$

ケトン (1) → シアノヒドリン (5)

D　イミン類

ケトンはアミン誘導体と反応して各種の生成物を与えます。

a　イミン

ケトン(1)にアミン(6)が作用すると、付加体(付加化合物)(7)が生成します。付加体(7)は脱水して、イミン(8)を与えます。

b　オキシム

ケトン(1)にヒドロキシルアミン(9)を作用すると、付加体(10)となり、付加体(10)から水が取れると、オキシム(11)が生成します。

イミンとオキシム

$$R_2C=O + H_2N-R' \longrightarrow R_2C(OH)(NHR') \xrightarrow{-H_2O} R_2C=N-R'$$

(1)　アミン(6)　　　　　　(7)　　　　　　　　　イミン(8)

$$R_2C=O + H_2N-OH \longrightarrow R_2C(OH)(NHOH) \xrightarrow{-H_2O} R_2C=N-OH$$

(1)　ヒドロキシルアミン(9)　　　(10)　　　　　　　オキシム(11)

E　イミン類の異性体

上の a 項で、イミン(8)が生成すると書きました。この反応では、出発物のケトンの2つの置換基 -R が等しいので、生成物のイミン(8)はただ一種類になりました。しかし、ケトンの置換基が異なって、(12)となった場合には生成物のイミンは2種類になります。窒素についた R と R^1 が分子の同じ側に来る(13)と R^1 と反対側になった(14)です。

(13)と(14)の関係は、C=C 二重結合におけるシス体とトランス体の関係に似ています。

イミンの異性体

$$\underset{(12)}{\overset{R^1}{\underset{R^2}{>}}C=O} \xrightarrow[-H_2O]{H_2N-R} \underset{(13)}{\overset{R^1}{\underset{R^2}{>}}C=N^{\nearrow R}} \quad \underset{(14)}{\overset{R^1}{\underset{R^2}{>}}C=N_{\searrow R}}$$

　　　　　　　　　　　　　　　　異性体

8-4 アミンってどんな反応をするの？

アンモニア NH_3 の水素が炭素原子団に置換したものを、**アミン**といいます。

アミンの種類

窒素に1個の炭素原子団がついたアミンを**第一級アミン**、原子団が2個、3個とついたものを**第二級**、**第三級アミン**といいます。そして、原子団が4個ついて、窒素がプラスに荷電したものを**第四級アンモニウム塩**といいます。第一級アミンに結合した官能基を**アミノ基**といいます。

置換基がメチル基の場合には、メチル基の個数に応じて、メチルアミン（メチル基が1個）、ジメチルアミン（2個）、トリメチルアミン（3個）となり、最後に4個のメチル基がついたテトラメチルアンモニウム塩となります。ベンゼンにアミノ基がついたものを**アニリン**といいます。

アミンの仲間

第一級アミン	第二級アミン	第三級アミン	第四級アンモニウム塩
$R-NH_2$	$R,R'\!\!>\!\!N-H$	$R,R',R''\!\!>\!\!N$	$[R,R',R'',R'''\!\!>\!\!N]^+ X^-$
			(X^- はハロゲンなどの陰イオン)
メチルアミン	ジメチルアミン	トリメチルアミン	テトラメチルアンモニウム塩
CH_3-NH_2	$(CH_3)_2NH$	$(CH_3)_3N$	$[(CH_3)_4N]^+ X^-$

アニリン：ベンゼン環に NH_2 がついた構造

● アミンの性質

アミンの最大の性質は塩基だということです。塩基とはH^+を取り込む物質のことです。アミン(第一級〜第三級アミン)はH^+と結合して、アンモニウム塩(第一級〜第三級アンモニウム塩)となることができるから、塩基なのです。

塩基性を持つアミン

$$R-NH_2 + H^+ \xrightarrow{H^+ \text{を取り込む}} R-\overset{+}{N}H_3$$

塩基 　　　　　　　　　　　　　　　　　アンモニウム塩
　　　　　　　　　　　　　　　　　　　（第一級アンモニウム塩）

● アミンの反応

アミンの反応はここまでに見てきたとおりです。置換反応、脱離反応を起こして、それぞれ置換アルカン、アルケンを与えます。また、カルボン酸と脱水縮合反応してアミドを与え、ケトンと反応してイミンを与えます。

第一級アミンは、ハロゲン化アルキルと反応して、第二級アミンを与えます。

第一級アミンから第二級アミンへ

$$R-NH_2 \xrightarrow{\overset{\text{ハロゲン化アルキル}}{R'-X}} \begin{matrix} R \\ R' \end{matrix} \!\!\! N-H$$

　　第一級アミン　　　　　　　　第二級アミン

第9章
芳香族の反応

1. 芳香族置換反応ってどんな反応？
2. 置換基って変化するの？

9-1 芳香族置換反応ってどんな反応？

　芳香族は安定な化合物ですので、その安定な自分を変えようとはしません。もし脱離反応をしたら三重結合になり、結合角度的に無理になりますし、付加反応をしたら共役系が途絶え、芳香族性を失ってしまいます。そのため、そのような反応は非常におこりにくいです。これが芳香族は反応しにくいという性質の原因となります。

芳香族は反応しにくい

$-H_2$ 脱離 → 結合角度に無理。180°

$+H_2$ → 共役系から外れる。芳香族性を失う。

　しかし、芳香族もまったく反応をしないわけではありません。芳香族の骨格を壊さない反応、つまり置換反応は行います。芳香族の行う置換反応を**芳香族置換反応**といいます。

● ニトロ化

　芳香族は環全体に π 電子が漂っています。そのため、芳香環を攻撃できる試薬はプラスに荷電した求電子試薬となります。求電子試薬による置換反応を**求電子置換反応**と **S_E 反応**（Electrophilic Substitution）といいます。

A　試薬発生

　芳香族置換反応の代表的なものに**ニトロ化**があります。ニトロ化はベンゼンに硝酸を作用させて、**ニトロベンゼン**を生成する反応です。

ニトロ化の最初は求電子試薬の発生です。硝酸（**1**）が分解してニトロニウムイオン（**2**）となります。（**2**）は陽イオンなので、求電子試薬として働くことができます。

B　求電子置換反応

（**2**）がベンゼンに一時的に付加すると、陽イオン中間体（**3**）になり、（**3**）からH⁺が外れると、ニトロベンゼン（**4**）となります。念のため反応式に水素をつけておきましたが、ふつうは一番下の図のように、水素を外して書きますので、そのような書き方にも慣れてください。

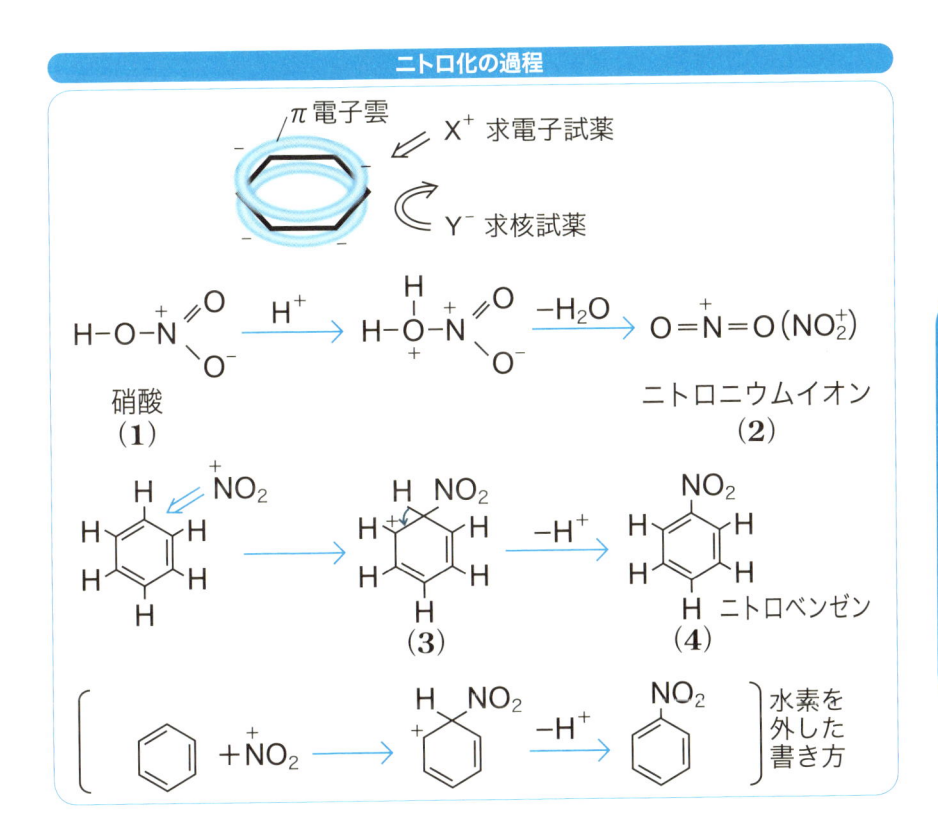

ニトロ化の過程

- π電子雲
- X⁺　求電子試薬
- Y⁻　求核試薬

硝酸（**1**） → ニトロニウムイオン（**2**）

ベンゼン + NO₂⁺ → （**3**） → ニトロベンゼン（**4**）

水素を外した書き方

スルホン化

スルホン化はベンゼンと硫酸が反応して、ベンゼンスルホン酸になる反応ですが、反応機構はニトロ化と全く同じです。

硫酸(**5**)が分解して、イオン(**6**)となります。これがベンゼンと反応して(**7**)となり、H⁺が脱離して、ベンゼンスルホン酸(**8**)となります。

🔵 フリーデル・クラフツ反応

フリーデル・クラフツ反応はベンゼン環に炭素を結合する反応として、合成的に重要な反応です。

塩化メチルに塩化アルミニウムを作用させると、陽イオンと陰イオンのイオン対(**9**)が生成します。(**9**)の陽イオン部分であるメチル陽イオン(**10**)が求電子試薬となります。(**10**)がベンゼンを攻撃すると、陽イオン中間体(**11**)となり、H⁺が外れてトルエン(**12**)となります。

ベンゼンのスルホン化とフリーデル・クラフツ反応

$$H\text{-}O\text{-}\underset{\underset{O}{\|}}{\overset{\overset{O}{\|}}{S}}\text{-}OH \xrightarrow{H^+} H_2\overset{+}{O}\text{-}\underset{\underset{O}{\|}}{\overset{\overset{O}{\|}}{S}}\text{-}OH \xrightarrow{-H_2O} {}^+\underset{\underset{O}{\|}}{\overset{\overset{O}{\|}}{S}}\text{-}OH \;({}^+SO_3H)$$

硫酸(**5**) 　　　　　　　　　　　　　　　　　　イオン(**6**)

ベンゼン + ⁺SO₃H → (**7**) $\xrightarrow{-H^+}$ ベンゼンスルホン酸(**8**)

CH₃-Cl ＋ AlCl₃ ⟶ CH₃⁺AlCl₄⁻
塩化メチル　塩化アルミニウム　　(**9**)

ベンゼン + ⁺CH₃ (**10**) → (**11**) $\xrightarrow{-H^+}$ トルエン(**12**)

9-2 置換基って変化するの？

置換基は反応せず、変化しないというものではありません。置換基自身が変化して、別の置換基に変化します。

● 安息香酸合成

トルエン(**1**)を過マンガン酸カリウムなどで酸化すると、メチル基が酸化されてカルボキシ基になり、トルエンは安息香酸(**2**)になります。メチル基だけでなく、一般にアルキル基のついたベンゼンを酸化すると、安息香酸になります。

● アニリン合成

ニトロベンゼン(**3**)を還元すると、アニリン(**4**)になります。還元剤には塩酸とスズを用いるのが一般的です。塩酸とスズが反応して、塩化スズができるときに発生する水素がニトロ基に付加して、ニトロ基をアミノ基に変えるのです。

● フェノール合成

ベンゼンスルホン酸(**5**)と水酸化ナトリウムを加熱溶融すると、フェノールのナトリウム塩(**6**)が生成します。これを酸で分解すると、フェノール(**7**)が生成します。スルホ基($-SO_3H$)がヒドロキシ基に変化したのです。

芳香族の置換基変化

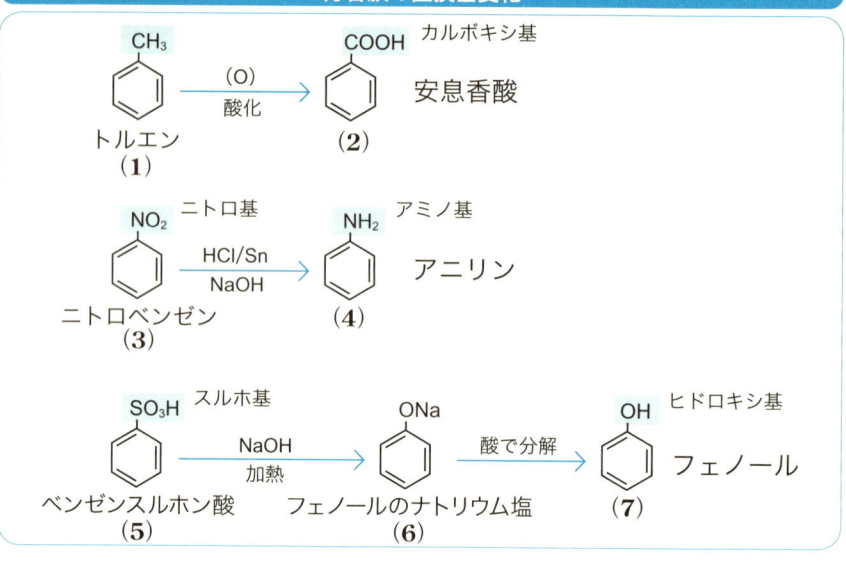

トルエン(1) → [酸化 (O)] → 安息香酸(2)（カルボキシ基 COOH）

ニトロベンゼン(3)（ニトロ基 NO₂）→ [HCl/Sn, NaOH] → アニリン(4)（アミノ基 NH₂）

ベンゼンスルホン酸(5)（スルホ基 SO₃H）→ [NaOH 加熱] → フェノールのナトリウム塩(6)（ONa）→ [酸で分解] → フェノール(7)（ヒドロキシ基 OH）

● 塩化ベンゼンジアゾニウムの反応

アニリン(8)に塩酸を作用すると、アニリン塩酸塩(9)になります。このものに亜硝酸ナトリウムを作用させると、塩化ベンゼンジアゾニウム(10)が生成します。塩化ベンゼンジアゾニウムは高い反応性を持っているので、いろいろの化合物の合成原料としてよく用いられます。

A 置換反応

塩化ベンゼンジアゾニウムは、置換反応によっていろいろのものに変化します。

a (10)に次亜リン酸を作用すると、置換基が取れ、ベンゼンになります。

b (10)に酸を作用すると、フェノールになります。

c (10)にシアン化銅を作用すると、ベンゾニトリルになります。

B カップリング反応

塩化ベンゼンジアゾニウムはアニリンやフェノールと反応して、さまざまな色素を生成します。この反応を**カップリング反応**といい、生成した色素を一般に**アゾ色素**といいます。

塩化ベンゼンジアゾニウムの反応

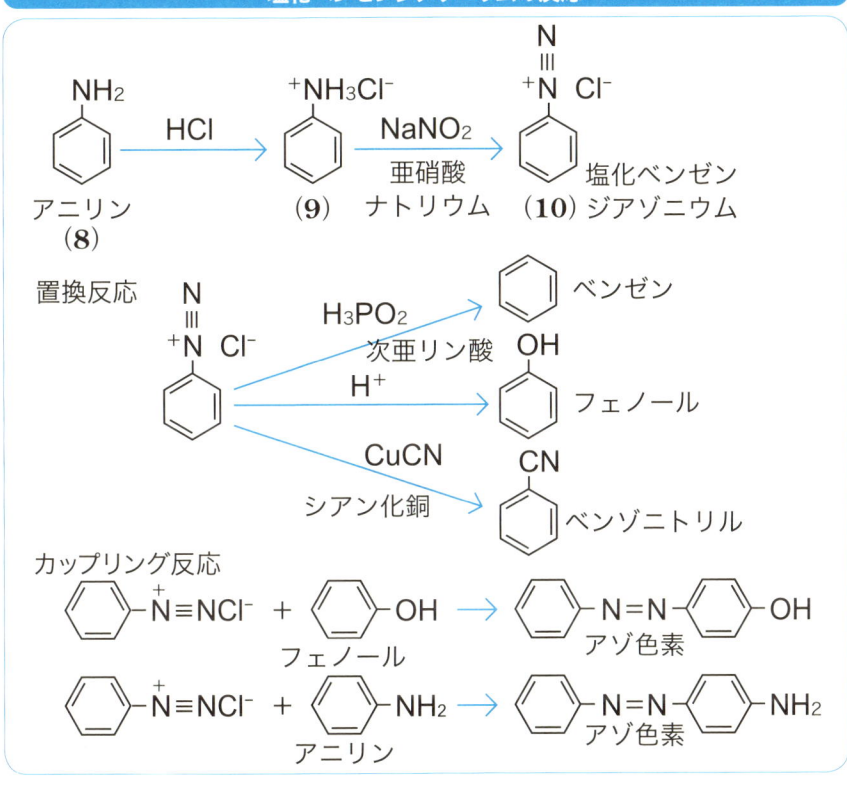

アニリン (**8**) →[HCl] (**9**) →[NaNO₂ 亜硝酸ナトリウム] 塩化ベンゼンジアゾニウム (**10**)

置換反応
- H_3PO_2（次亜リン酸）→ ベンゼン
- H^+ → フェノール
- CuCN（シアン化銅）→ ベンゾニトリル

カップリング反応
- ベンゼンジアゾニウム + フェノール → アゾ色素
- ベンゼンジアゾニウム + アニリン → アゾ色素

置換基の相互変化

　ここまでに見てきた反応をまとめてみましょう。知らないあいだに多くの化合物の作り方を見てきたことに驚くのではないでしょうか。

A　トルエンから出発するもの

　例えば、ベンゼン(**11**)にフリーデル・クラフツ反応を行うと、トルエン(**12**)など、多くのアルキルベンゼンが得られます。これを酸化すると、安息香酸(**13**)となります。(**13**)は水素化アルミニウムリチウムで還元すると、一級アルコールのベンジルアルコール(**14**)となります。(**14**)はアルコールですから、先に作った安息香酸との間でエステル(**15**)を作ります。また、安息香酸は適当なアミンとの間でアミド(**16**)を合成します。

トルエンからの変化

ベンゼン（11）→[CH₃Cl/AlCl₃ フリーデル・クラフツ反応]→ トルエン（12）→[(O) 酸化]→ 安息香酸（13）→[LiAlH₄ 還元]→ ベンジルアルコール（14）

安息香酸（13）＋ CH₃-NH₂（アミン）→ アミド（16）：O=C-NH-CH₃（ベンゼン環付）

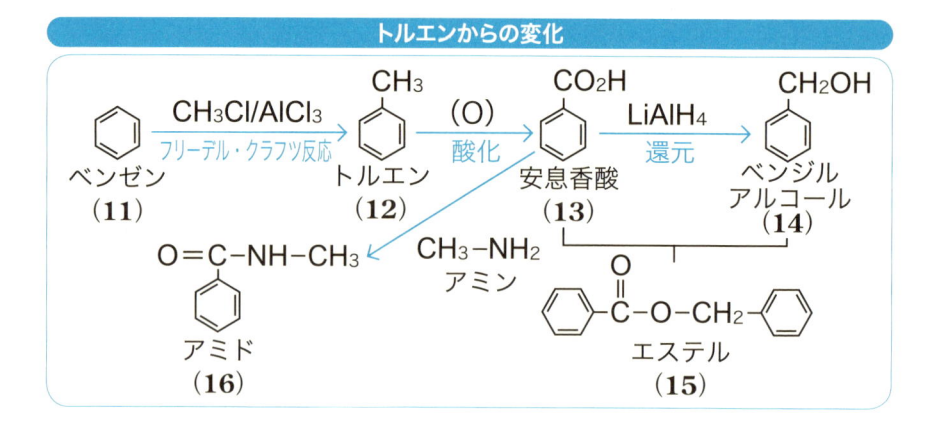

安息香酸（13）＋ ベンジルアルコール（14）→ エステル（15）：C₆H₅-C(=O)-O-CH₂-C₆H₅

B　アニリンから出発するもの

　一方、ベンゼンにニトロ化を行うと、ニトロベンゼン（17）となり、これを還元すると、アニリン（18）になります。（18）に塩酸と亜硝酸ナトリウムを作用すると、塩化ベンゼンジアゾニウム（19）になります。（19）からいろいろの化合物が合成できることは前項で見たとおりです。

　また、アニリン（18）は先の安息香酸（13）と反応すると、アミド（20）となります。さらに、（18）に適当なケトンを作用すると、イミン（21）となります。

　このように、皆さんはもう、いろいろの化合物を合成する知識を身につけているのです。試しにいろいろ考えてみたらいかがですか。

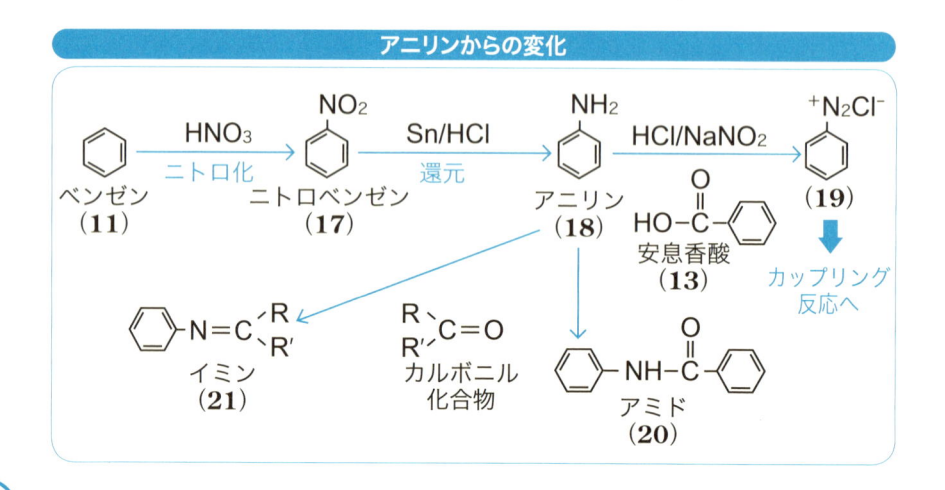

アニリンからの変化

ベンゼン（11）→[HNO₃ ニトロ化]→ ニトロベンゼン（17）→[Sn/HCl 還元]→ アニリン（18）→[HCl/NaNO₂ ＋ 安息香酸（13）]→ ⁺N₂Cl⁻（19）→ カップリング反応へ

アニリン（18）＋ カルボニル化合物（R-C(=O)-R'）→ イミン（21）：C₆H₅-N=C(R)(R')

アニリン（18）＋ 安息香酸（13）→ アミド（20）：C₆H₅-NH-C(=O)-C₆H₅

第10章
高分子化合物

1 高分子って何だろう？
2 合成樹脂と合成繊維って何が違うの？
3 ペット・ナイロンって何だろう？
4 熱硬化性樹脂って何だろう？

10-1 高分子って何だろう？

私たちの回りには多くのプラスチックがあります。プラスチックとはどのようなものなのでしょうか。

● プラスチックと高分子

携帯電話のケースもパソコンのケースもプラスチックでできています。ペットボトルもインスタントラーメンのカップもプラスチックです。お椀やコップもプラスチックでできているものがあります。このようなプ

身の回りは高分子だらけ

プラスチック
合成繊維
プラスチック
熱硬化性樹脂

ラスチックを化学では**高分子**(**ポリマー**)と呼びます。

高分子はプラスチックだけではありません。衣服を作っている合成繊維も高分子です。ゴムもやはりプラスチックです。それだけではありません。デンプンやタンパク質も、さらには遺伝をつかさどるDNAも高分子なのです。それどころか、私たち自身が高分子の塊ともいえるようなものなのです。

では、高分子とはどのようなものなのでしょうか。

● 単量体と高分子

高分子とは分子量の高い分子という意味です。分子量が高い、大きいとは非常に多くの原子から構成されているということを意味します。ときには何万、何十万個という原子からできていることもあります。ですから、高分子とはとんでもなく大きい分子ということができます。

それでは、高分子の分子構造はとんでもなく複雑なのでしょうか。そんなことはありません。高分子のことを英語でpolymer(**ポリマー**)といいます。polyは先に見たとおり、「たくさん」という意味のギリシャ語の数詞です。

高分子に対する言葉は単量体であり、monomer(**モノマー**)です。

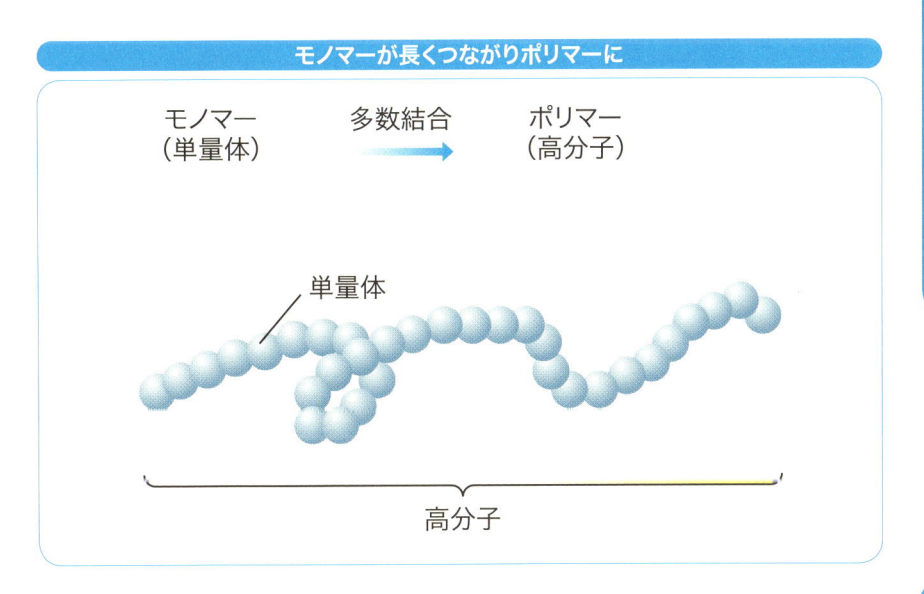

モノマーが長くつながりポリマーに

モノマー　　多数結合　　ポリマー
(単量体)　　　　→　　　(高分子)

単量体

高分子

第10章 高分子化合物

10-1 高分子って何だろう？

monoは1という意味の数詞です。これからわかるように、高分子は単量体がたくさん集まったものなのです。

高分子の構造を理解するには鎖を思い出すのが一番です。鎖は非常に長いものです。しかし、それは同じ構造の輪が何個も何万個もつながっているだけです。決して複雑な構造ではありません。高分子も同じです。簡単な構造の分子が何千、何万個もつながっただけなのです。

ポリエチレン

典型的な高分子はポリエチレン（polyethylene）でしょう。ポリエチレンはエチレン（ethylene）がたくさん集まったものという意味です。エチレンは二重結合を持ち、炭素が2本ずつの結合手を出して、二重に握手をしています。

このうち1本の握手を解いたらどうなるでしょうか。エチレンは左右に2本の結合手を持つことになります。このようなエチレンジラジカル同士が次々と握手をしていったら、無限に長い炭素鎖のつながりができます。これがポリエチレンなのです。

ポリエチレンはエタンやプロパンと同じアルカンなのです。ただ、それらに比べて炭素鎖がとんでもなく長い、というだけなのです。しかし、

ポリエチレンのできかた

$H_2C=CH_2 \longrightarrow H_2\overset{\cdot}{C}-\overset{\cdot}{C}H_2$

ラジカル電子

エチレンジラジカル
（ラジカルが2個の意味）

$H_2C \overset{\frown}{\underset{\smile}{}} CH_2 \longrightarrow \rightleftharpoons CH_2-H_2C \rightleftharpoons$

エチレン

$\Rightarrow H-(H_2C-CH_2)-(CH_2-CH_2)-(CH_2-\cdots\cdots(CH_2-CH_2)-H$

ポリエチレン

ポリエチレンの構造のどこを見ても二重結合は存在しません。エチレンは原料ではあるけれど、ポリエチレンのどこにもエチレンは存在しないのです。

高分子の種類

高分子には非常に多くの種類があります。分類しておいたほうが便利でしょう。高分子は**熱可塑性高分子**と**熱硬化性高分子**に二分できます。熱可塑性高分子は、熱すると柔らかくなるものであり、ペットやポリエチレンなど、多くのプラスチックがこれに当てはまります。

それに対して、熱硬化性高分子は、食器や電気のコンセントに使われる高分子です。これは熱しても柔らかくならず、高温にすると木材のように焦げてしまうものです。

熱可塑性高分子はプラスチック（合成樹脂）、合成繊維、ゴムなどに分けることができます。

このような分類のほかに、用途の違いによって分類して、家庭用の汎用樹脂と工業用のエンプラ（エンジニアリングプラスチック）に分けることもあります。

高分子の分類

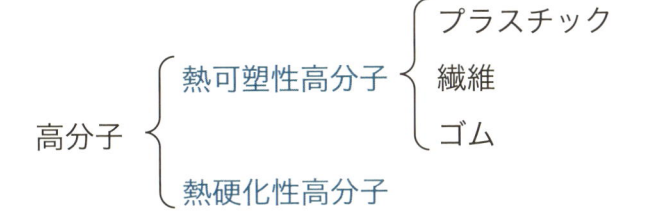

高分子
- 熱可塑性高分子
  - プラスチック
  - 繊維
  - ゴム
- 熱硬化性高分子

高分子（用途別）
- 汎用樹脂：家庭用
- エンプラ：工業用

10-2 合成樹脂と合成繊維って何が違うの？

　高分子の特徴は、分子構造がまったく同じでも、物質としてはまるで違って見えることがあるということです。プラスチック、繊維、ゴムはすべて高分子だといいました。それではなぜ高分子はこのように違うものになることができるのでしょう。原料が違うのでしょうか。

　そこには同じ分子でも、それがどのような状態でいるかによって、物質としての性質が異なるという事実が見えてきます。

樹脂と繊維の違い

　ポリエステルという合成繊維があります。ツヤツヤスベスベしているので、洋服の裏地などによく用いられます。繊維ですから、アイロンをかけることもできます。一方、ペットボトルに利用されるPETはプラスチック（合成樹脂）です。お湯を入れたらグニャグニャと変形してしまいます。高温のアイロンをかけたら融けてしまうかもしれません。

　ところが、このポリエステル繊維とペット樹脂、分子構造は等しいのです。つまり、分子としてはまったく等しいものなのです。同じ高分子なのになぜ樹脂にすると熱に弱く、繊維にすると熱に強くなるのでしょう。そもそも樹脂と繊維は何が違うのでしょう。それは分子の集合の仕方に違いがあるのです。

同じ分子なのに性質が違うもの

プラスチック　　　　　　　繊維
ペットボトル　　　　　　　スカート裏地
PET　　　　　　　　　　ポリエステル

同じ分子！

プラスチック

　図の左はプラスチックにおける高分子鎖の状態です。多くの長い高分子鎖が思い思いの方向に曲がり、ねじれ、絡まりながら集まっています。分子鎖の間にはかなりの隙間が開いていることがわかります。このような隙間には低分子、例えば、酸素分子や水分子などが容易に入り込むことができます。

　しかし、ところどころに多くの高分子鎖が一定方向に集まって、束のようになっている部分があります。このような部分を**結晶性部分**といいます。結晶性部分では、分子鎖の間隔が他の部分より狭くなっています。このような部分には他の分子は入っていくことができません。そのため、他の物質に侵されにくくなり、要するに丈夫になります。

　また、分子間隔が狭いので、互いにファンデルワールス力などの分子間力で緊密に結合しあいます。そのため、形が崩れにくくなります。つまり、熱をかけても変形しにくくなります。

　プラスチックは、このように結晶性の剛直で丈夫な部分と非結晶性の柔らかく弱い部分の両方が交じり合っているのです。

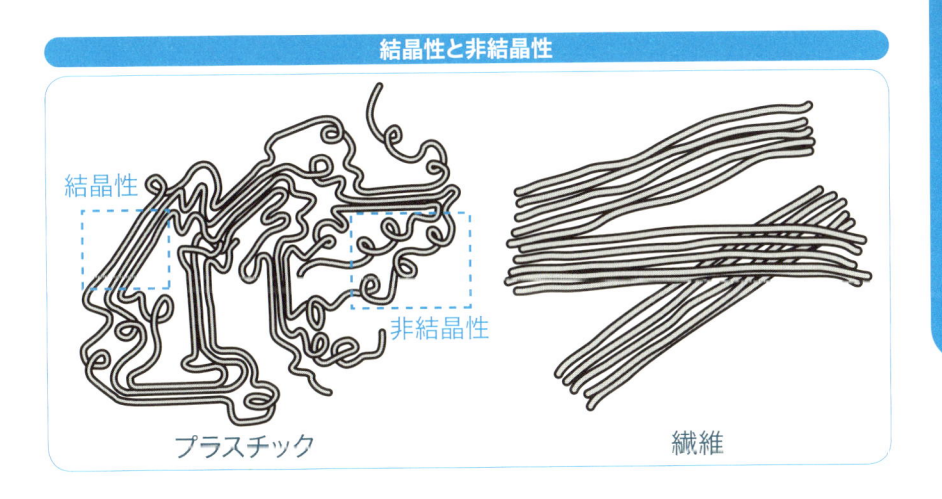

結晶性と非結晶性

プラスチック　　　　　繊維

第10章　高分子化合物

10-2　合成樹脂と合成繊維って何が違うの？

繊　維

　　合成繊維は、すべての高分子鎖を強制的に結晶性にしたものと考えればよいでしょう。方法は単純です。高分子鎖を引っ張ってやるのです。すると、高分子鎖はイヤイヤながらも方向をそろえざるをえず、分子間距離も縮まって、結晶性になるのです。

　　方法は、高分子を熱して液体にしたものをノズルから押し出し、それを高速回転するローラーに巻きつけて高速で巻き取るのです。このようにすると、ペットもナイロンもポリエチレンもみな繊維になってしまいます。

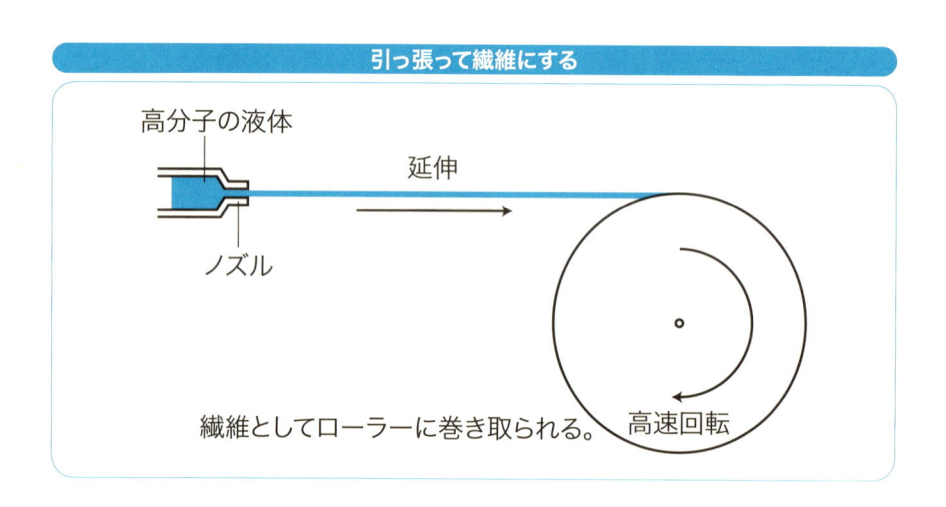

引っ張って繊維にする

高分子の液体　　延伸　　高速回転
ノズル　　繊維としてローラーに巻き取られる。

ゴ　ム

　　ゴムの特徴は伸び縮みすることです。ゴムは、もともとはゴムの木から取れた天然高分子です。それを加熱濃縮精製してゴムにします。

　　天然ゴムは引っ張れば伸びます。それはゴムの高分子鎖が毛糸玉のように丸まっているからです。これが引っ張られることによって、ほどけて伸びるのです。ですから、引っ張ればどこまでも伸びて、ついにはちぎれてしまいます。つまり、伸びっぱなしで縮むことがありません。

　　このような、ゴムに"縮む"という性質を与えるのが**加硫**という操作

です。加硫とはゴムに硫黄を加えることです。すると、硫黄原子がゴムの分子鎖の間に橋をかけたように結合し、ゴム分子鎖を三次元にネットワーク化するのです。

このため、高分子鎖は直線状になって伸びることは伸びますが、互いに離れてちぎれることはなくなり、結果として、伸び縮みするゴムの性質が現れるのです。

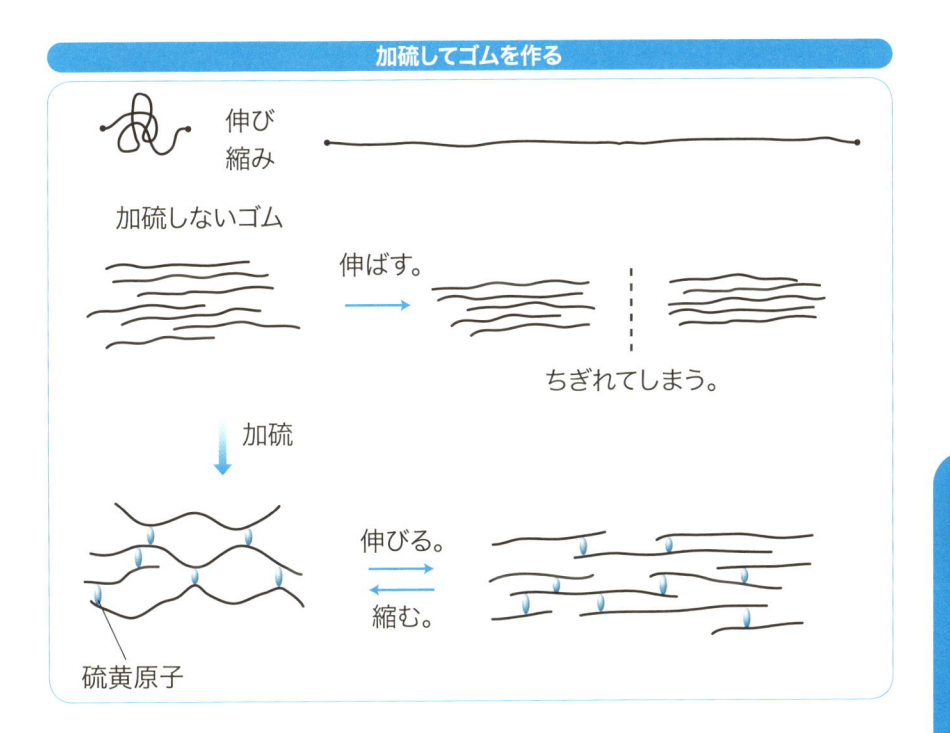

加硫してゴムを作る

伸び縮み

加硫しないゴム

伸ばす。

ちぎれてしまう。

加硫

伸びる。
縮む。

硫黄原子

10-3 ペット・ナイロンって何だろう？

プラスチックや合成繊維などと高分子の仲間はたくさんありますが、それぞれはどのような原料からできているのでしょうか。

● ポリエチレンの仲間

高分子には構造が似たグループがいくつかありますが、ポリエチレンのグループはその中でもとくに大きなグループです。ポリエチレンは多数のエチレンが結合したものであり、エチレンは4個の水素を持っています。この水素のうち、1個を変えたエチレン誘導体を用いた高分子は身の回りにたくさんあります。

a エンビ

一般にエンビと呼ばれているものはポリ塩化ビニルといわれるもので、エチレンの水素1個を塩素で置換した塩化ビニルがたくさんつながった(重合)ものです。

b アクリル繊維

アクリル繊維は毛足が長く、フワフワした繊維なので、毛布や人工ファーなどに用いられますが、アクリロニトリルを重合したものです。

c アクリル樹脂(有機ガラス)

透明な定規や水族館の巨大水槽を作るのはアクリル樹脂です。アクリル繊維とアクリル樹脂は、名前は似ていますが、構造はまったく違います。アクリル樹脂はメタクリル酸メチルというエチレン誘導体を重合したものです。アクリル樹脂は有機物であり、透明性が高いので、**有機ガラス**とも呼ばれます。

d 発泡ポリスチレン

スーパーなどで刺身などを盛る白く柔らかく厚い樹脂は、**発泡ポリスチレン**といわれます。ポリスチレンはスチレンを重合したものです。発泡ポリスチレンはポリスチレンに窒素ガスなどを吹き込んで、泡状として固めたものです。

ポリエチレンの仲間

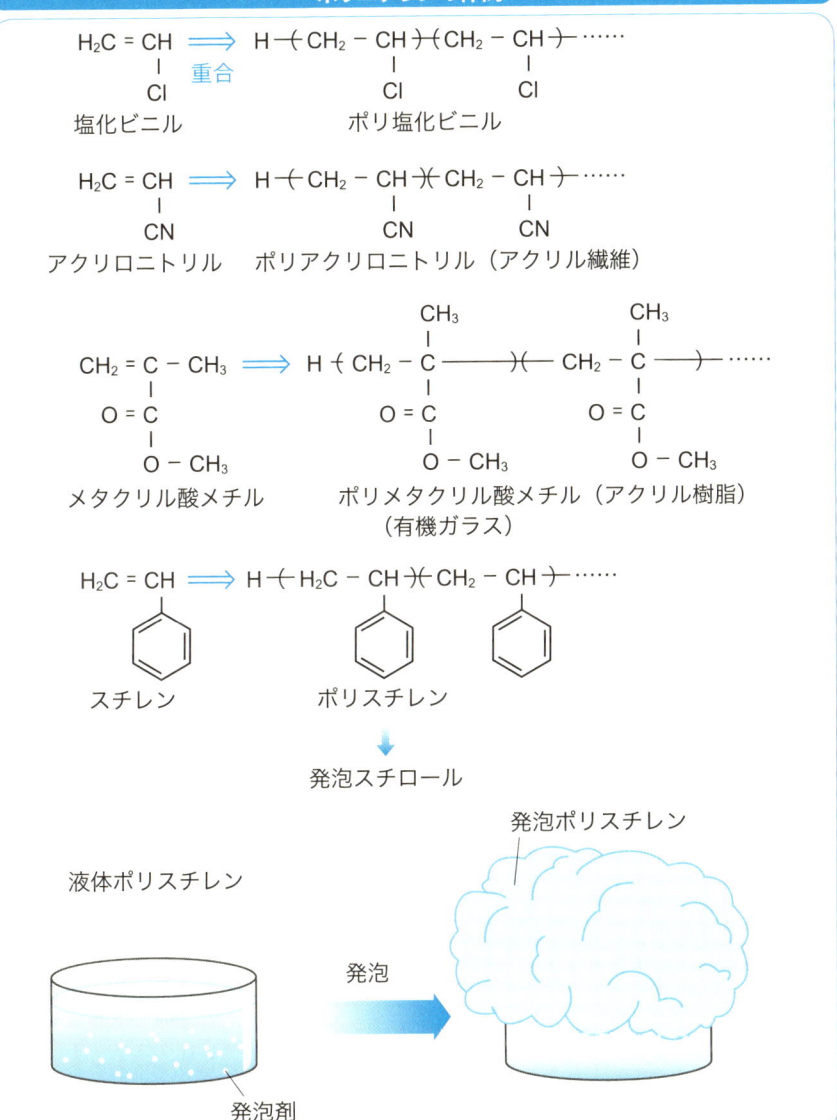

塩化ビニル $H_2C=CH-Cl$ ⟹ 重合 ⟹ ポリ塩化ビニル $H\text{-}(CH_2\text{-}CHCl)\text{-}(CH_2\text{-}CHCl)\text{-}\cdots$

アクリロニトリル $H_2C=CH-CN$ ⟹ ポリアクリロニトリル（アクリル繊維） $H\text{-}(CH_2\text{-}CHCN)\text{-}(CH_2\text{-}CHCN)\text{-}\cdots$

メタクリル酸メチル $CH_2=C(CH_3)-COOCH_3$ ⟹ ポリメタクリル酸メチル（アクリル樹脂）（有機ガラス）

スチレン $H_2C=CH\text{-}C_6H_5$ ⟹ ポリスチレン ⟹ 発泡スチロール

液体ポリスチレン → 発泡 → 発泡ポリスチレン

発泡剤

ペット

ペットはPolyEthylene TerephthalateのＰＥＴをとったものです。ＰＥＴは２価のアルコールであるエチレングリコールと２価のカルボン酸

10-3 ペット・ナイロンって何だろう？

第10章 高分子化合物

のテレフタル酸をエステル化したものです。どちらの分子も分子の両端に置換基を持っていますから、一つおきに重合することによって、原理的には無限に長い高分子鎖を作ることができます。

　ＰＥＴはプラスチック状態の名前で、繊維になると**ポリエステル**と呼ばれます。正確には、ポリエステルとは二価アルコールと二価カルボン酸のエステル結合でできた高分子のことですが、実際に市販されているポリエステル繊維の多くはＰＥＴを繊維化したものです。

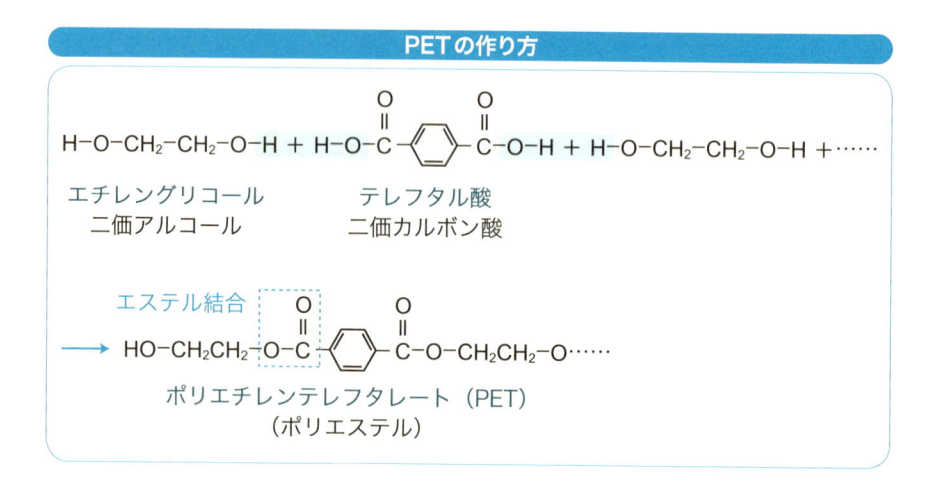

PETの作り方

H-O-CH$_2$-CH$_2$-O-H ＋ H-O-C(=O)-〈benzene〉-C(=O)-O-H ＋ H-O-CH$_2$-CH$_2$-O-H ＋ ……

エチレングリコール　　　　テレフタル酸
二価アルコール　　　　　　二価カルボン酸

→ HO-CH$_2$CH$_2$-[エステル結合: O-C(=O)]-〈benzene〉-C(=O)-O-CH$_2$CH$_2$-O……

ポリエチレンテレフタレート（PET）
（ポリエステル）

ナイロン

　ナイロンは1935年に米国デュポン社の研究者カロザースによって開発された高分子です。「くもの糸より細く、鋼鉄より強い」という名キャッチフレーズの後押しを受けて、高分子時代の扉を開けました。ナイロンは女性のストッキング用繊維として名を馳せ、その後、魚網、ロープ、シート、ベルトなど、多くの分野で活躍し続けています。

　ナイロンはアミド結合でつながった高分子です。カルボン酸部分はアジピン酸であり、アミン部分はヘキサメチレンジアミンです。どちらも炭素6個を含む化合物なので、とくにナイロン66と呼ぶことがあります。それに対して、1分子中にカルボキシ基とアミノ基の両方を持つ化合物を用いたナイロンもあります。これは炭素も6個ですが、分子は1種類

しか用いないので、ナイロン6と呼ばれます。

ナイロンの作り方

$$H_2N-(CH_2)_6-N-H + H-O-C-(CH_2)_4-C-O-H + H-N-(CH_2)_6-N-H\cdots\cdots$$
　　　　　　　　$|$　　　　　　$\|$　　　　　　$\|$　　　　　　$|$　　　　　　$|$
　　　　　　　　H　　　　　　O　　　　　　O　　　　　　H　　　　　　H

　ヘキサメチレンジアミン　　アジピン酸
　　（炭素数6個）　　　　（炭素数6個）

$$\longrightarrow H_2N-(CH_2)_6-\boxed{N-C}-(CH_2)_4-C-N-(CH_2)_6-N-\cdots\cdots$$
　　　　　　　　　　　　　$|$　$\|$　　　　　　$\|$　$|$　　　　　　$|$
　　　　　　　　　　　　　H　O　　　　　　O　H　　　　　　H

　　　　　　　　　　　　　アミド結合
　　　　　　　　　　　　　　ナイロン66

● ゴ ム

　ゴムはブタジエン誘導体を用いて作ります。天然ゴムはイソプレンという、ブタジエンの水素1個をメチル基に換えたものからできています。イソプレンを用いて人工的に作られた合成ゴムもあり、これは合成天然ゴムと呼ばれます。

　ゴムはタイヤを始め、市場から多くの複雑な要求があるため、各種のものが開発されています。

ゴムの作り方

　　　　　　　　　CH_3
　　　　　　　　　　$|$
　　　　　　　　　　$C-CH$
　　　　　　　H_2C　　　　CH_2

　　　　　　　　　イソプレン

　　　　　　H_3C　　　　　　H_3C
　　　　　　　　$|$　　　　　　　　$|$
$\Longrightarrow H-[CH_2\quad C=CH\quad CH_2][CH_2\quad C=CH\quad CH_2]-\cdots\cdots$

　　　　　　　イソプレンゴム
　　　　　　（天然ゴム，合成天然ゴム）

第10章 高分子化合物

10-4 熱硬化性樹脂って何だろう？

前節で見た高分子はすべて**熱可塑性高分子**(**樹脂**)と呼ばれるものです。特徴は加熱すると軟らかくなることです。したがって、加工するときには加熱して軟らかくなったものを型に入れるとか、風船のように膨らまして加工すればよいというメリットを持ちます。

しかし、このようなプラスチックで食器を作ったのでは大変です。お椀に味噌汁を入れたらグニャッとなったのでは、安心して使えません。このような用途に使うものを**熱硬化性樹脂**といいます。

熱可塑性と熱硬化性

お湯　→　熱可塑性樹脂（PETなど）

お湯　→　変形せず　熱硬化性樹脂（フェノール樹脂など）

● 熱硬化性樹脂の原料と構造

熱硬化性樹脂の分子構造的な特徴は、分子が三次元の網目構造になっていることです。このため、分子構造が剛直になり、加熱しても軟らかくなりません。

A　熱硬化性樹脂の種類

熱硬化性樹脂には原料として、

① メラミンとホルムアルデヒドを用いる**メラミン樹脂**
② 尿素（ウレア）とホルムアルデヒドを用いる**尿素樹脂（ウレア樹脂）**
③ フェノールとホルムアルデヒドを用いる**フェノール樹脂**

などがあります。

熱硬化性樹脂の原料

メラミン　　尿素（ウレア）　　フェノール　　ホルムアルデヒド

B　熱硬化性樹脂の合成

ここでは、フェノール樹脂の合成を見てみましょう(次ページ図)。フェノールはオルト位とパラ位が高い反応性を持っています。そのため、フェノール(**1**)とホルムアルデヒド(**2**)を反応すると、例えば、オルト位に反応して(**3**)となります。次に、(**3**)のOH部分と別のフェノールのオルト位が反応して、(**4**)となります。同じような反応が次々と起こり、パラ位にも同様に起こると、網目構造のフェノール樹脂ができあがります。

C　ホルムアルデヒドの毒性

熱硬化性樹脂はホルムアルデヒドを原料としています。しかし、ホルムアルデヒドは毒性があり、シックハウス症候群の原因とされています。熱硬化性樹脂には毒性はないのでしょうか。

答えは「ありません」です。熱硬化性樹脂の構造を見ればわかるとおり、構造のどこにもホルムアルデヒドは存在しません。原料のホルムアルデヒドはフェノール環をつなぐCH_2原子団になっており、ホルムアルデヒドは姿を消しています。

三次元網目構造

フェノール（1）　ホルムアルデヒド（2）　→付加→　（3）　－OH + H　（1）　－H_2O→　（4）

オルト位
メタ位
パラ位

しかし、化学反応は100%進行することはほとんどありません。少量とはいえ、未反応のホルムアルデヒドが残っている可能性は十分にあります。そして、このようなホルムアルデヒドが製品からジワジワと染み出したのが、シックハウス症候群の原因と考えられます。そのため、新築の家で被害が多くなるのだと考えられます。

熱硬化性樹脂の加工

　熱硬化性樹脂の成形加工はどのようにするのでしょう。加熱しても軟らかくならないのでは、木材と似たようなものでしょうか。それでは大量生産、安価というプラスチックのメリットがなくなってしまいます。

　熱硬化性樹脂の成形も原料を温めて型に入れます。ただし、熱硬化性樹脂そのものではありません。熱硬化性樹脂になる一歩手前の原料です。まだ、すべての原料分子が結合せず、未結合部分を残している状態の分子です。この分子を型に入れて加熱すると、型のとおりの形になると同時に、残りの反応が進行して熱硬化性樹脂になるのです。

第11章
生体の化学

1 生体を作るものは何なの？
2 ビタミンやホルモンって何なの？
3 DNAって核酸のこと？
4 遺伝ってどんなしくみ？

11-1 生体を作るものは何なの？

　生体は有機物の塊です。さらに細かく見ると、生体を形作る構造物の多くは高分子です。そして、その間を低分子が動き回って微調整を行っている、というような構造です。ここでは、生体を形作っている有機物について見てみることにしましょう。

● 中性脂質

　生体に含まれる低分子で水に溶けないものを**脂質**と呼びます。脂質には多くの種類があり、後に見るホルモンやビタミンの一部なども脂質になります。

　脂質の仲間に**中性脂質**と呼ばれる一群の化合物があります。中性脂質は一般に「油」、「脂肪」などと呼ばれますが、一般的には常温で液体のものを**油脂**、固体のものを**脂肪**と呼びます。

A　中性脂質の構造

　中性脂質はエステルであり、アルコールとカルボン酸からできています。アルコール部分はグリセリンであり、すべての中性脂質で同じ分子です。違うのはカルボン酸で、中性脂質のカルボン酸をとくに**脂肪酸**と呼びます。

　したがって、どのような種類の油脂や脂肪を食べようと、体内に入って加水分解されれば、すべてから同じアルコール、グリセリンが生じることになります。グリセリンは硝酸と反応すると、ニトログリセリンとなります。ニトログリセリンは爆発性があり、ダイナマイトの原料として知られています。また、血管を拡張する作用があるので、狭心症の特効薬でもあります。

中性脂質

$$\begin{array}{c} CH_2-O-\overset{O}{\overset{\|}{C}}-R \\ CH-O-\overset{O}{\overset{\|}{C}}-R' \\ CH_2-O-\overset{O}{\overset{\|}{C}}-R'' \end{array} \xrightarrow{H_2O} \begin{array}{c} CH_2-OH \\ CH-OH \\ CH_2-OH \end{array} + \begin{array}{c} R-COOH \\ + \\ R'-COOH \\ + \\ R''-COOH \end{array}$$

中性脂質　　　　　　　　　　　グリセリン　　　脂肪酸

$$\begin{array}{c} CH_2-O-H \\ CH-O-H \\ CH_2-O-H \end{array} \begin{array}{c} H-O-N\overset{O}{\underset{O^-}{\lessgtr}} \\ HNO_3 \\ HNO_3 \end{array} \xrightarrow{-H_2O} \begin{array}{c} CH_2-O-NO_2 \\ CH-O-NO_2 \\ CH_2-O-NO_2 \end{array}$$

ニトログリセリン
爆薬、狭心症特効薬

B　脂肪酸の種類

脂肪酸のうち、炭素数12以上のものを**高級脂肪酸**、それ以下のものを**低級脂肪酸**と呼びます。また、飽和結合(単結合)だけでできたものを**飽和脂肪酸**、不飽和結合(二重、三重結合)を含むものを**不飽和脂肪酸**と呼びます。飽和脂肪酸は哺乳類の脂肪に多く、植物や魚類の脂肪はおもに不飽和脂肪酸です。ＤＨＡやＥＰＡは高級不飽和脂肪酸です。不飽和脂肪酸に水素を付加させて飽和脂肪酸にしたものを**硬化油**と呼び、マーガリンなどの原料にします。

脂肪酸の仲間

	飽和脂肪酸	不飽和脂肪酸
低級脂肪酸	$CH_3(CH_2)_6CO_2H$ カプリル酸	$CH_2=CH(CH_2)_8CO_2H$ ウンデシレン酸
高級脂肪酸	$CH_3(CH_2)_{14}CO_2H$ パルミチン酸 $CH_3(CH_2)_{16}CO_2H$ ステアリン酸	$HO_2C-CH_2-CH_2-CH_2-CH=CH-CH_2-CH=CH-CH_2$ $CH_3-CH_2-CH=CH-CH_2-CH=CH-CH_2-CH=CH$ エイコサペンタエン酸（EPA） （炭素数：20　二重結合数：5） $HO_2C-CH_2-CH_2-CH=CH-CH_2-CH=CH-CH_2-CH=CH$ $CH_3-CH_2-CH=CH-CH_2-CH=CH-CH_2-CH=CH-CH_2$ ドコサヘキサエン酸（DHA） （炭素数：22　二重結合数：6）

11-1　生体を作るものは何なの？

糖類

形式的に炭素Cと水H_2Oが結合した分子式を持つものを**糖類**と呼びます。糖類にはグルコース(ブドウ糖)、スクロース(砂糖、ショ糖)、デンプンなどがあり、一般に高分子です。糖類や次に見るタンパク質などのように、天然に存在する高分子を**天然高分子**と呼びます。

A 糖類の構造

糖類という高分子を作る単位分子を**単糖類**といいます。単糖類にはグルコースやフルクトース(果糖)などがあり、これらの分子式は$C_6(H_2O)_6$であり、炭素と水が結合したようになっています。

2個の単糖類が脱水して結合したものを**二糖類**と呼びます。2個のグルコースからできたマルトース(麦芽糖)や、グルコースとフルクトースからできたスクロースが身近です。

多くのグルコースが結合した高分子がデンプンです。セルロースもグルコースからできた高分子ですが、結合の様式がデンプンと異なるため、人類は消化吸収することができません。

糖類の仲間

グルコース + フルクトース $\xrightarrow{-H_2O}$ スクロース(ショ糖)

グルコース + グルコース $\xrightarrow{-H_2O}$ マルトース(麦芽糖)

α-グルコース — [マルトース]$_n$ — デンプン

β-グルコース — [セルロース]$_n$

B 糖類の生成

　糖類は植物が二酸化炭素と水を原料とし、太陽光をエネルギー源として光合成によって作り上げたものです。地上の動物はこの糖類を摂取することによって、間接的に太陽光エネルギーを摂取しているのです。その意味で、糖類は太陽光エネルギーの缶詰ともいうべきものといえます。

タンパク質

　タンパク質というと焼肉のお肉を思い出しがちですが、それではタンパク質にあまりに失礼です。タンパク質の機能についてはあとの節でみることにして、ここではタンパク質の構造について見ておきましょう。

　タンパク質はアミノ酸からできた高分子です。

　アミノ酸は、1個の炭素に適当な置換基-R、水素-H、アミノ基-NH_2、カルボキシ基-CO_2Hという互いに異なる4種の置換基が結合したものなので、光学異性体が存在します。それぞれをD体、L体と呼びます。実験室でアミノ酸を合成すると、D体とL体が1：1の割合でできますが、タンパク質を作るアミノ酸はほとんどすべてがL体です。

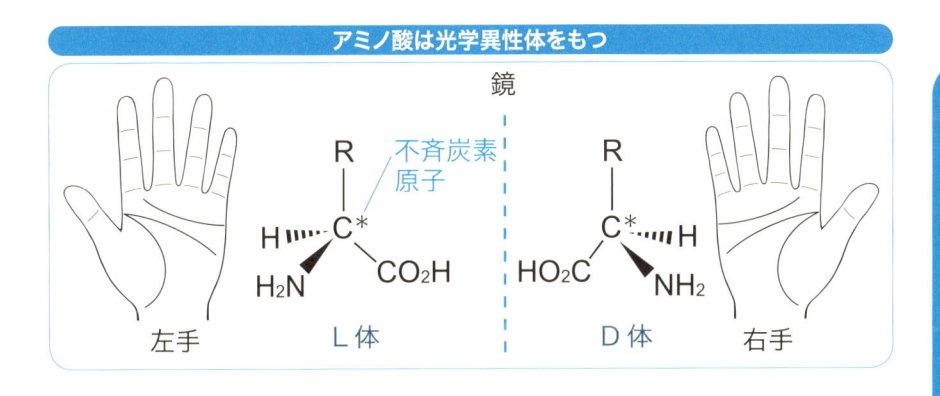

アミノ酸は光学異性体をもつ

不斉炭素原子

左手　L体　｜　D体　右手

A　アミノ酸の結合

　アミノ酸の結合は、1個のアミノ酸のカルボキシ基ともう1個のアミノ酸のアミノ基の間でできるアミド結合です。アミノ酸の作るアミド結合(-NH-CO-)をとくに**ペプチド結合**といい、2個以上のアミノ酸が結合したものを**ペプチド**といいます。アミノ酸はペプチド結合によって無

限に連なることができます。多くのアミノ酸が結合したものを**ポリペプチド**といいます。

タンパク質はポリペプチドの一種ですが、ポリペプチド＝タンパク質ではありません。ポリペプチドのうち、特定の再現性のある立体構造と特別の機能を持つものだけを**タンパク質**といいます。

タンパク質を作るアミノ酸には約20種類ありますが、このアミノ酸がどのような順序で並ぶかによって、タンパク質の構造が決定されます。これをタンパク質の**一次構造**といいます。

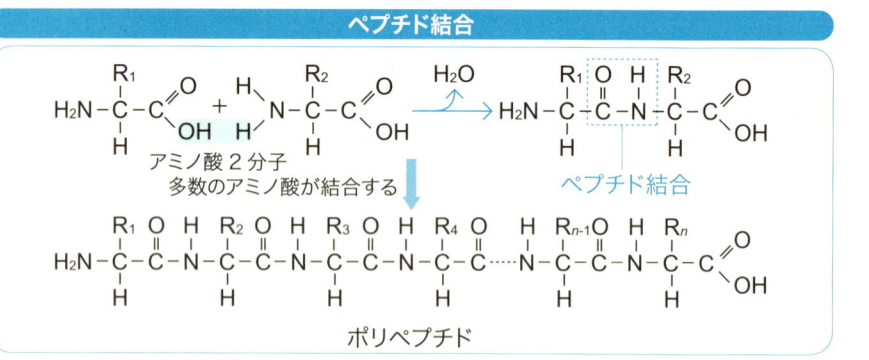

ペプチド結合

$$H_2N-\underset{H}{\underset{|}{C}}(R_1)-\underset{OH}{\underset{|}{C}}=O \ + \ \underset{H}{\underset{|}{N}}(H)-\underset{H}{\underset{|}{C}}(R_2)-\underset{OH}{\underset{|}{C}}=O \ \xrightarrow{-H_2O} \ H_2N-\underset{H}{\underset{|}{C}}(R_1)-\overset{O}{\overset{||}{C}}-\underset{}{N}(H)-\underset{H}{\underset{|}{C}}(R_2)-\underset{OH}{\underset{|}{C}}=O$$

アミノ酸2分子　　　　　　　　　　　　　ペプチド結合

多数のアミノ酸が結合する↓

ポリペプチド（$R_1, R_2, R_3, R_4 \cdots R_{n-1}, R_n$ を持つアミノ酸がペプチド結合で連なる構造）

B　立体構造

タンパク質の構造はこれだけで決まるものではありません。タンパク質は特定の形で折りたたまれています。この折りたたまれ方の基本が2通りあります。α-ヘリックスというらせん構造と、β-シートという平面構造です。これをタンパク質の**二次構造**といいます。

タンパク質は、この二次構造をいろいろと組み合わせて立体構造を作り上げます。これを**三次構造**といいます。これだけではありません。私たちの体内にあって酸素運搬をしているヘモグロビンはタンパク質です。ヘモグロビンは、4個のタンパク質が一定の位置を保って、まとまった構造をしています。これを**四次構造**といいます。

タンパク質の構造の複雑さがわかっていただけたでしょうか。

タンパク質の構造

二次構造

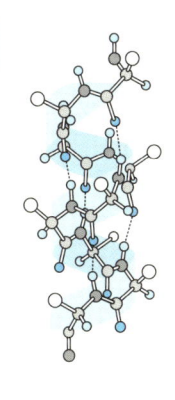

α-ヘリックス

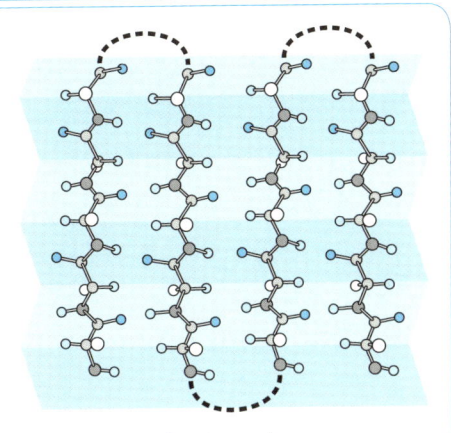

β-シート

三次構造

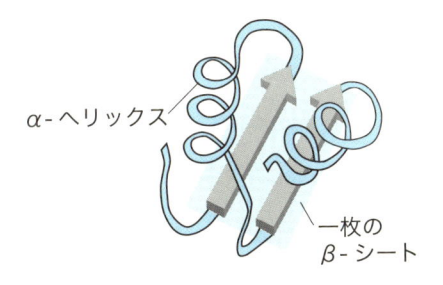

α-ヘリックス

一枚のβ-シート

タンパク質の模式的な構造

四次構造

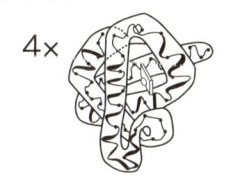

4×

ヘモグロビンの単位タンパク質 → ヘモグロビン

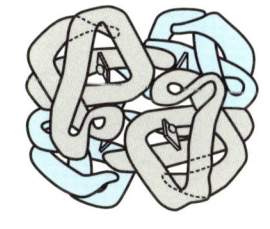

11-1 生体を作るものは何なの？

第11章 生体の化学

11-2 ビタミンやホルモンって何なの？

　生体の中には、量は少ないですが、生体機能の調整に重要な機能を発揮している物質があります。ホルモンとビタミンです。ホルモンは、体内全体の機能を正常に維持する物質です。ビタミンは、5大栄養素の1つで、生体になくてはならない有機化合物です。代謝反応において、補酵素として働きます。ホルモンは自分で作ることができますが、多くのビタミンは、食物として外界から取り入れなければなりません。

● ビタミン

　ビタミンには多くの種類がありますが、水に溶ける**水溶性ビタミン**と、水に溶けず油に溶ける**脂溶性ビタミン**があります。それぞれを表にまとめました。

　いくつかのビタミンの構造を示しました。構造の間に何の関連もないというのが特徴といえばいえるかもしれません。

　ビタミンが欠乏すると、特有の症状が現れ、重篤な場合には命を落とします。

○**ビタミンA**：視力をつかさどる種類のタンパク質において重要な働きをします。そのため、ビタミンAが不足すると、視力に影響し、夜盲症になります。

○**ビタミンB_1**：欠乏すると、脚気になります。精米によってコヌカを除いた白米にはビタミンB_1が少なくなっています。そのため、白米だけを多食すると、脚気になる恐れがあります。

○**ビタミンC**：タンパク質のコラーゲン生成を促進する働きがあります。そのため、不足すると、毛細血管が弱くなり、出血しやすくなります。

ビタミンの仲間

ビタミンの種類

液性		
	脂溶性	A(A_1, A_2, A酸, ビタミンAアルデヒド（レチナール）） D(D_2, D_3), E, K(K_1, K_2)
	水溶性	B_1, B_2, B_6, B_{12}, C, パントテン酸, 葉酸 ニコチン酸（ナイアシン）, ニコチンアミド, ビオチン

ビタミン A_1

ビタミン B_6

ビタミン C

ビタミン D_2

● ホルモン

特定の臓器で生産され、血液の流れに乗って全身に運ばれて、標的臓器に届き、そこで調節機能を発揮するものを**ホルモン**といいます。ビタミンと同様に、ホルモンの構造も多種多様です。

○**性ホルモン**：性器から分泌され、生殖行動をつかさどるホルモンです。**男性ホルモン**と**女性ホルモン**があります。性ホルモンは特有の基本骨格を持っていますが、この構造を**ステロイド骨格**といいます。ステロイド骨格を持つものにはコレステロールがあります。女性ホルモンの1つであるプロゲステロンは、コレステロールから作られることが明らかになっています。

○**アドレナリン**：副腎から分泌されるホルモンであり、同じく副腎から分泌されるノルアドレナリンとともに心臓強心作用、末梢血管収縮、血圧上昇などの調節を行います。

11-2 ビタミンやホルモンって何なの？

○**インシュリン**：膵臓から分泌されるホルモンで、血液中のグルコース濃度を調節します。不足すると、糖尿病などを発症します。

ホルモンとコレステロール

テストステロン
(男性ホルモン)

プロゲステロン
(女性ホルモン)

コレステロール

$R：H$　　ノルアドレナリン
$R：CH_3$　アドレナリン

毒　物

　毒物は危険なものですが、多くの植物、キノコ、菌類に含まれ、さらには農薬、ホルムアルデヒド、PCBなど、合成化学物質にも毒性の強いものがあります。毒物とは少量で命を奪うもののことをいいます。

　図は、毒物の服用量と、それによって検体(マウス等)の何％が命を落とすかを表したもので、**LD曲線**といいます。検体の50％が命を落とす量を**50％致死量**、**LD$_{50}$**といいます。LD$_{50}$は体重1kg当たりの毒物重量で示され、少ないほど強力な毒ということになります。いくつかの毒物のLD$_{50}$を表に示しました。

　表を見ると、細菌の出す毒が強いことがわかります。また、タバコに含まれるニコチンの毒性は、サスペンスドラマによく出る猛毒の青酸カリウムと同程度になっています。

毒物の仲間

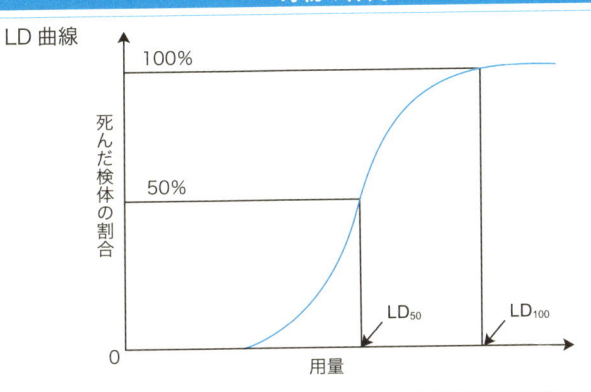

LD曲線

縦軸: 死んだ検体の割合（0〜100%）
横軸: 用量

LD_{50}, LD_{100}

	毒の名前	LD_{50}（μg／kg）	由来
1	ボツリヌストキシン	0.003	微生物
2	破傷風トキシン（テタヌストキシン）	0.002	微生物
3	テトロドトキシン（TTX）	10	動物（フグ）／微生物
4	ダイオキシン（TCDD）	22	化学合成
5	アコニチン	120	植物（トリカブト）
6	サリン	420	化学合成
7	コブラ毒	500	動物（コブラ）
8	ヒ素	1430	鉱物
9	ニコチン	7,000	植物（タバコ）
10	青酸カリウム	10,000	KCN

サリン　　ダイオキシン　　テトロドトキシン

ニコチン

❶ 薬　物

　狂った生体機能を正常に戻し、病気をいやすものを**薬**といいます。優れた薬でも、指示量以上を飲めば健康を害し、ときには命を落とします。これは、逆にいうと、毒も小量を飲めば薬になることがあるということを示すものです。

　薬の効果に対してもLD曲線と同様のグラフが描かれ、これを**ED曲**

11-2 ビタミンやホルモンって何なの？　187

線といいます。半数の検体が治癒する薬物量を **ED$_{50}$** といいます。図A、Bは、薬剤 a 、b の ED 曲線と LD 曲線を一緒に描いたものです。図Bでは、両曲線が近づいています。これは薬剤 b を多く飲むと、命に関わることを示しています。b は副作用の強い危険な薬剤ということになります。

いくつかの薬剤の構造を示しました。分子構造と薬効の関係はまだ明らかではありません。そのため、薬剤の開発には偶然性が働くのが現状です。

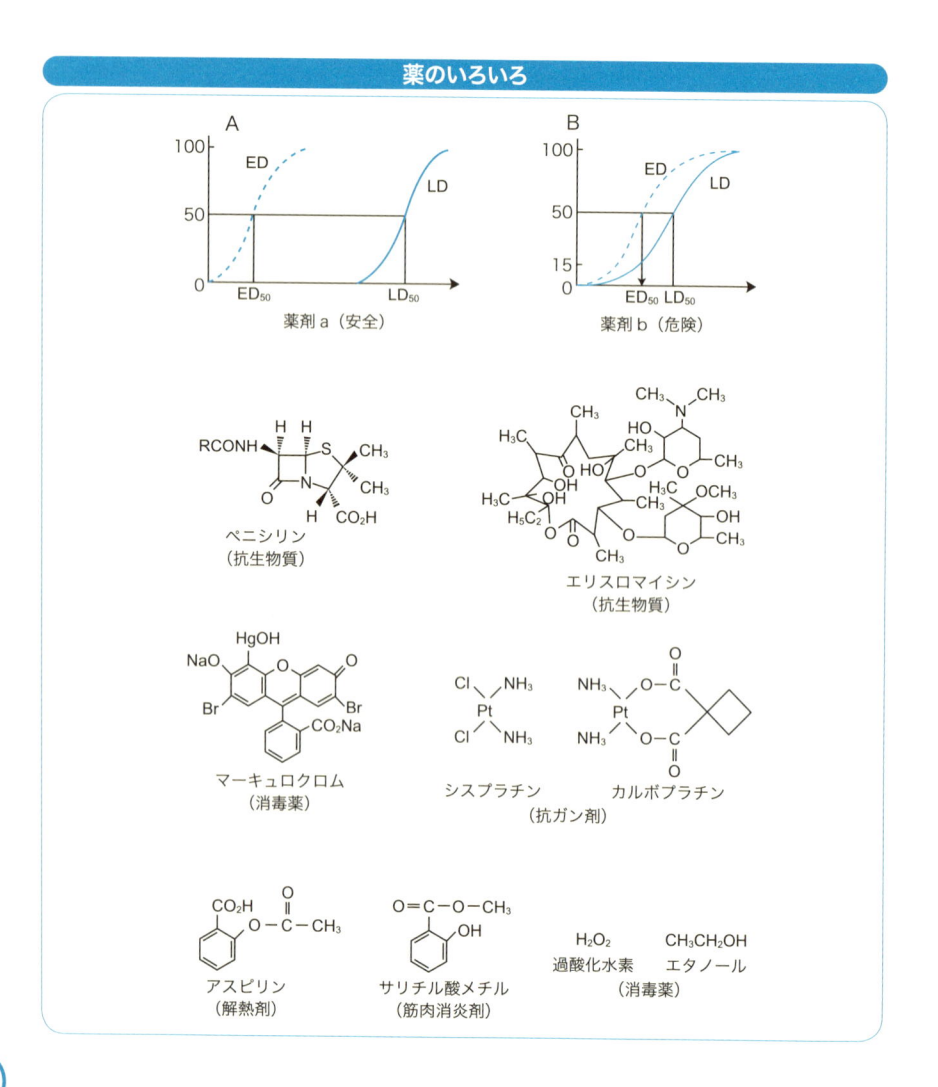

薬のいろいろ

A
薬剤 a（安全）

B
薬剤 b（危険）

ペニシリン
（抗生物質）

エリスロマイシン
（抗生物質）

マーキュロクロム
（消毒薬）

シスプラチン
カルボプラチン
（抗ガン剤）

アスピリン
（解熱剤）

サリチル酸メチル
（筋肉消炎剤）

H_2O_2
過酸化水素

CH_3CH_2OH
エタノール

（消毒薬）

11-3 DNAって核酸のこと？

　生命体の大きな特徴に自己複製があります。この自己複製で重要な働きをするのが**核酸**です。核酸には、DNAとRNAの二種類があります。

● DNAと染色体

　DNAは非常に長い高分子で、人間の場合には1本が10cm以上もあります。DNAは、この高分子鎖が2本縒り合わさって、二重らせん構造をしています。二重らせん構造のDNAは、巧妙に折りたたまれ、染色体1個に1組のDNA二重らせんが入っています。人間ではこのような染色体が23対あります。

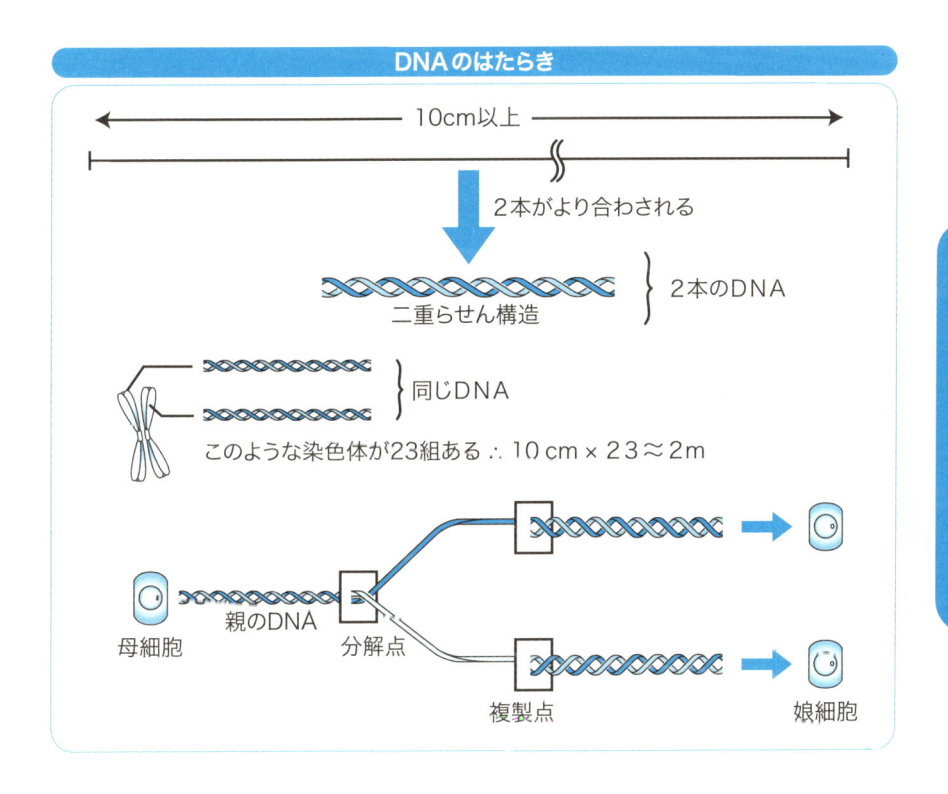

DNAのはたらき

- 10cm以上
- 2本がより合わされる
- 二重らせん構造 — 2本のDNA
- 同じDNA
- このような染色体が23組ある ∴ 10 cm × 23 ≈ 2 m
- 母細胞 — 親のDNA — 分解点 — 複製点 — 娘細胞

第11章 生体の化学

DNAの構造

遺伝子の本体はＤＮＡ(Deoxyribonucleic acid)です。ＤＮＡは、リン酸、糖(デオキシリボース)、塩基から構成されています(図参照)。

二重らせんを作る２本のＤＮＡ分子の間では、互いに４種の塩基がＡＴ、Ｇ、Ｃの組でピッタリと組み合わさっています。

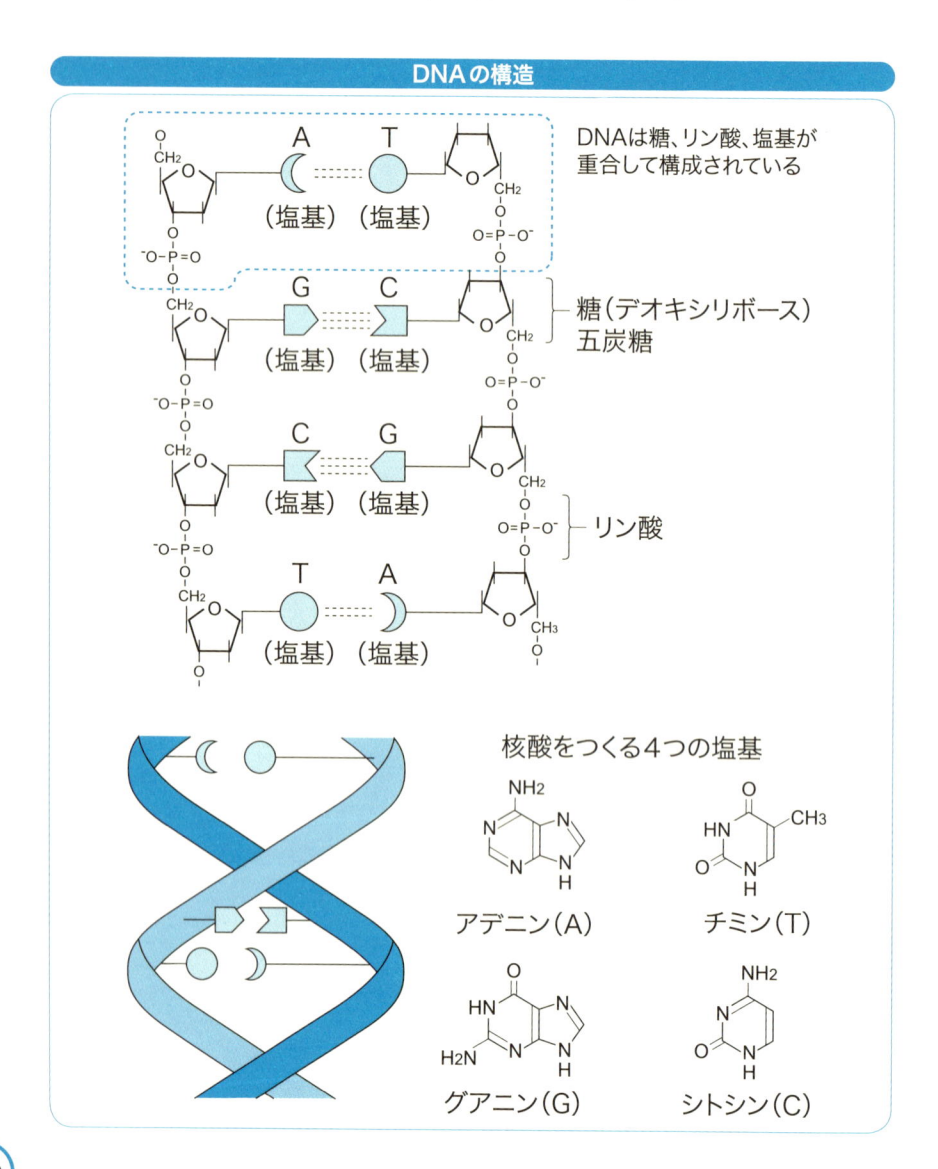

DNAの構造

DNAは糖、リン酸、塩基が重合して構成されている

糖(デオキシリボース)
五炭糖

リン酸

核酸をつくる４つの塩基

アデニン(A)　　チミン(T)

グアニン(G)　　シトシン(C)

DNAはペアのネックレス

DNAは、ネックレスに似た構造。

DNAネックレス

宝石＝塩基

P リン酸 — 糖 — G グアニン 塩基

グアニンヌクレオチド

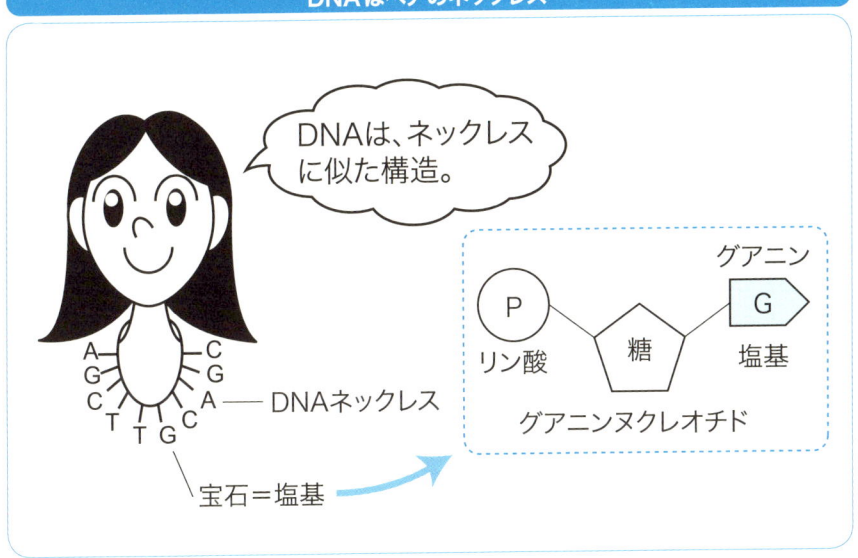

● DNAの分裂と再生

　DNAのネックレスを作るには部品を結合して作ります。この部品は宝石に基本鎖の一部が結合したもの（塩基に糖・リン酸が結合したもの）で、**ヌクレオチド**と呼ばれます。

　一組の二重らせんDNAが分裂複製して、二組の二重らせんDNAになる機構は次のとおりです。

　2本のDNA鎖、親A鎖と親B鎖からなる親DNAは、酵素の力を借りて、端からららせん構造を解いていきます。すると、解けた部分の塩基に対応する"枝付き塩基"が寄ってきて、親DNAの塩基に結合します。もちろんこのときには、A−T、G−Cの組が厳密に守られます。このようにして、塩基配列が決まった後に基本鎖の断片が結合すれば、新しいネックレスの完成です。

　このように、DNAの複製は、分裂と複製が同時進行することになります。1本ずつ、ばらばらになってから複製されるのではありません。

　したがって、親A鎖には親B鎖とそっくりの娘B鎖が沿うことになります。まったく同様に、親B鎖には親A鎖とまったく同じ娘A鎖が沿う

ことになります。このようにして、親ＤＮＡの二重らせん構造は、まったく同じ二組の娘二重らせん構造に複製されるのです。

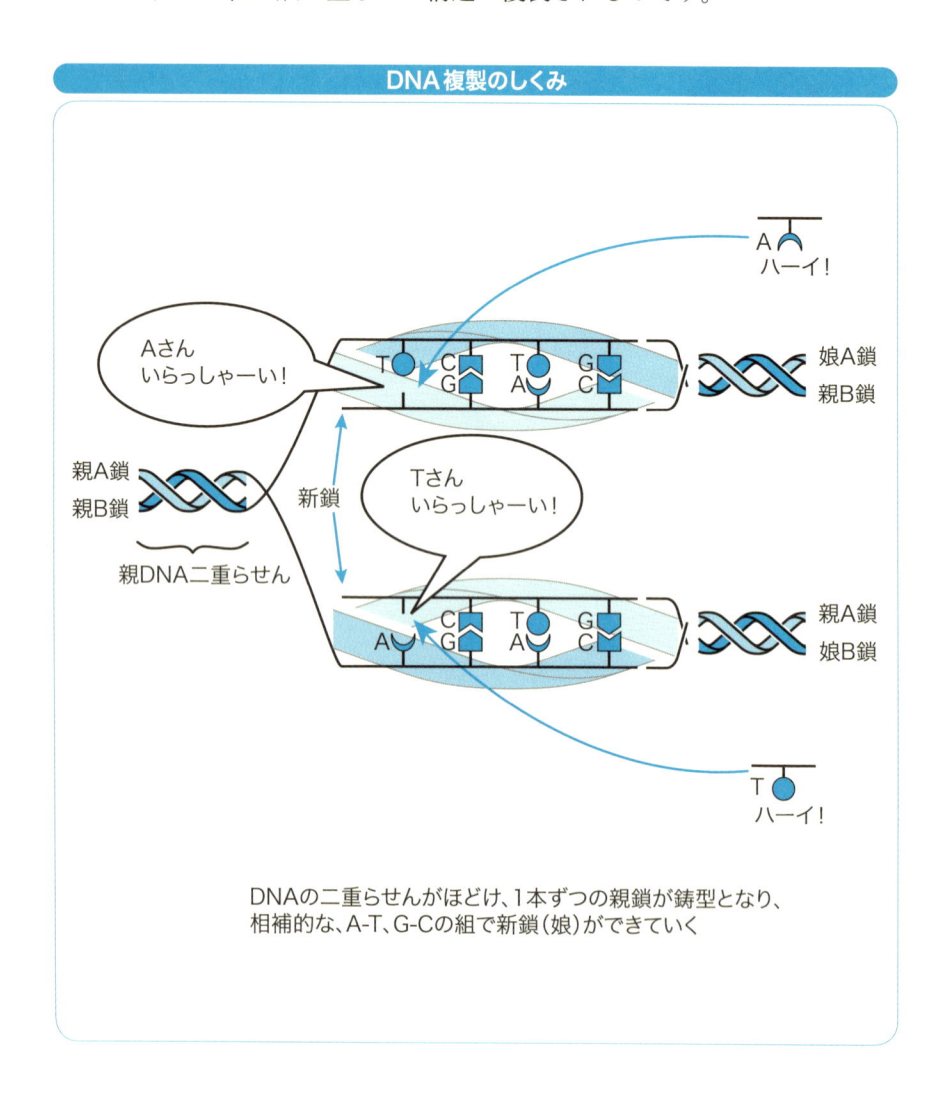

DNA複製のしくみ

DNAの二重らせんがほどけ、1本ずつの親鎖が鋳型となり、相補的な、A-T、G-Cの組で新鎖（娘）ができていく

11-4 遺伝ってどんなしくみ？

核酸は遺伝を支配する分子です。DNAは親細胞の遺伝情報を娘細胞に伝える情報伝達係です。その情報をもとにして、実際に子の体を作っていくのがRNAです。

● DNAの遺伝情報

DNAは遺伝情報が書き込まれた書物のようなものです。DNAの文字はATGCの塩基です。これら4個の文字のうち、任意の3個を使って一つの単語(**コドン**といいます)を作ります。このような組み合わせは$4^3=64$種類ありますが、それぞれの単語は20種のアミノ酸に対応しています。したがって、同じアミノ酸を指定するコドンがいくつかあることになります。例えば、TTA、TTG、CTT、CTC、CTA、CTGの6種類のコドンは、すべてロイシンというアミノ酸に相当することが明らかになっています。

DNAはアミノ酸の種類を指定する指示書だったわけです。

3つの塩基で単語を形成

ATG コドン
CGA コドン
GTC
1本のDNA鎖

コドン = 特定のアミノ酸を指定

◉ RNAの合成

DNAは端から端まで全部が情報源、というわけではありません。タンパク質をコードしていない部分もあります。タンパク質の設計図となっている部分を**遺伝子**、そうでない部分を**ジャンクDNA**と呼びます。

酵素はDNAのうち、役に立つ遺伝子の部分だけを複製します。これがRNAなのです。したがって、RNAはDNAの重要部分だけを寄せ集めた構造です。

RNAの複製の仕方は前節で見たDNAの複製と同じです。ただし、DNAはATGCの4塩基ですが、RNAではTの代わりにU（ウラシル）を使い、AUGCの4塩基になります。

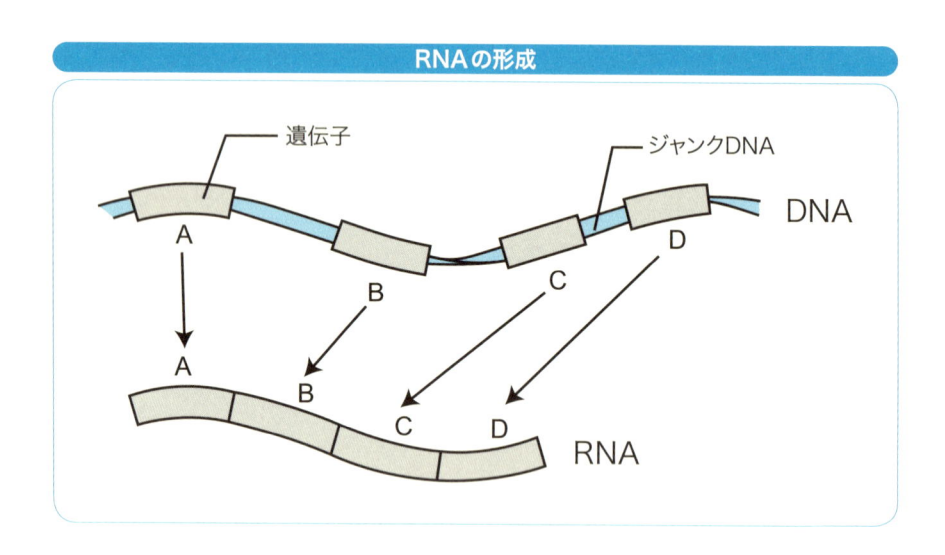

RNAの形成

◉ RNAの役割

RNAの役目はDNAの遺伝情報に沿ってタンパク質を作ることです。そのため、RNAは**tRNA**（トランスファーRNA、運び屋RNA）と**mRNA**（メッセンジャーRNA、情報屋RNA）に機能分化します。

tRNAはアミノ酸を運ぶためのRNAであり、20種類のアミノ酸にそれぞれ特有のtRNAが結合します。tRNAにはそれぞれ結合す

るアミノ酸に相当するコドンがついています。それに対して、mRNAはアミノ酸をDNAの指定する順に並べる役目をします。

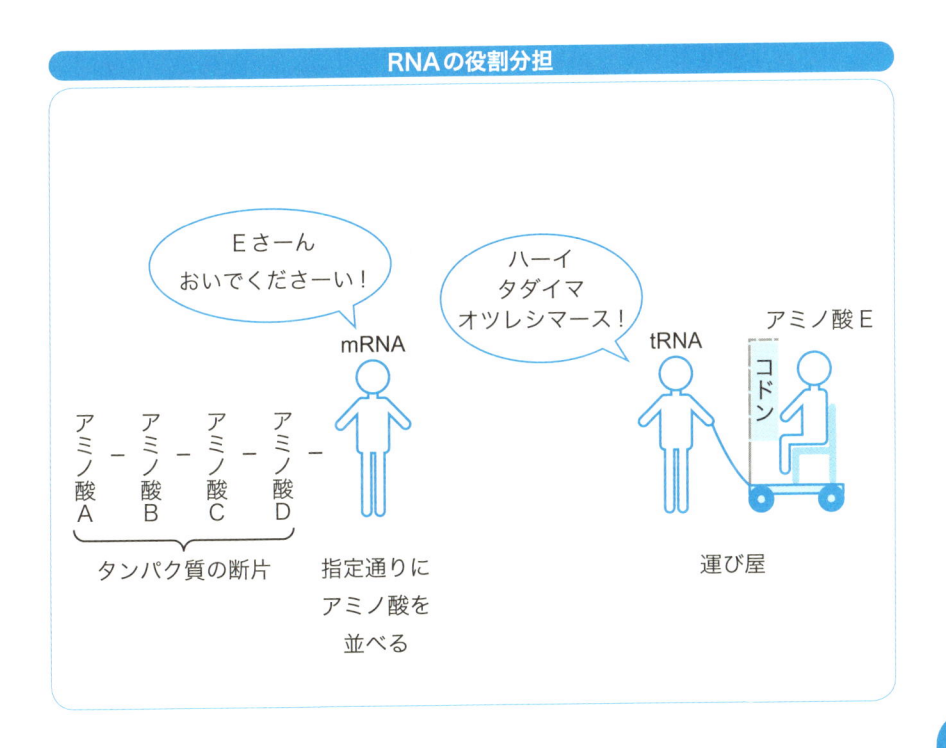

RNAの役割分担

「Eさーん おいでくださーい！」 mRNA

「ハーイ タダイマ オツレシマース！」 tRNA アミノ酸E コドン

アミノ酸A — アミノ酸B — アミノ酸C — アミノ酸D
タンパク質の断片

指定通りにアミノ酸を並べる

運び屋

● タンパク質の合成

　タンパク質合成は、細胞内にある細胞小器官であるリボソームで行われます。リボソームにはmRNAの情報を読み取る小ユニットと、それにしたがってアミノ酸を呼び込み、結合する大ユニットの二つの部分があります。

　mRNAはリボソームの小ユニットにセットされます。すると、小ユニットが、mRNAのアミノ酸を特定するコドンを読み取り、そのコドンを持つtRNAを呼び出します。tRNAはその呼び出しに応じて、アミノ酸をつれて、大ユニットに入場します。

　大ユニット内には、すでにできあがりつつある新タンパク質の端があります。tRNAは連れてきたアミノ酸を、この新タンパク質の端のア

11-4 遺伝ってどんなしくみ？ 195

第11章 生体の化学

ミノ酸に繋げるのです。このようにして、新タンパク質は新たなアミノ酸を1個増やし、完成に近づいたことになります。

　この操作が連続することにより、タンパク質が完成することになります。タンパク質分子の終わりもまた、コドンによって指定されます。すなわち、UAA、UGA、あるいはUAGというコードが来ると、それ以上アミノ酸が結合することはなく、タンパク質の完成となるのです。

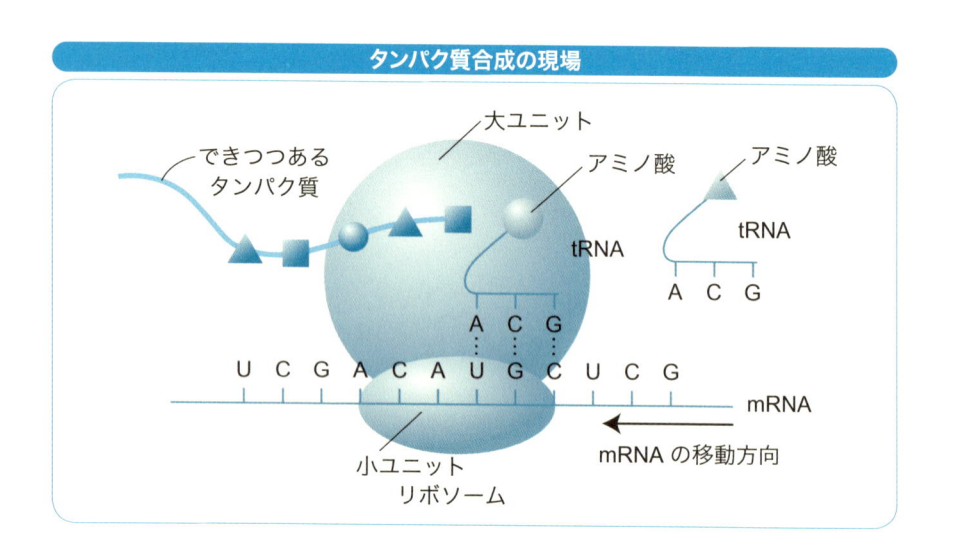

タンパク質合成の現場

● タンパク質の役割

　人間は食べ物としていろんな材料を取り入れ、代謝して生命を維持しています。このとき行われている生体内の反応を助けているもの(触媒)が酵素です。酵素は、活性化エネルギーを小さくすることで生体反応を起こりやすくします。この酵素はタンパク質からできています。

　RNAの役割は、遺伝情報に基づいてタンパク質を合成することです。これまで述べてきたように遺伝の現場で活躍しているのも、タンパク質なのです。

第12章
環境と有機化学

1 環境って何だろう？
2 公害って何だろう？
3 環境問題って何だろう？
4 化学は環境を守れるの？

12-1 環境って何だろう？

　私たちは物質であり、同時に物質に囲まれて生活しています。私たちは空気という物質に囲まれ、衣服に包まれ、水を飲み、食物を食べ、家屋で暮らし、地域で生活し、地球上で生存しています。環境とは、このように私たちを包むすべての物質のことをいいます。

🌀 循環する環境

　環境を構成する物質は、単独で存在することはありません。すべての物質は緊密に関係し合っています。一種の物質が変化すると、変化はすべての物質におよび、その影響は私たちに押しかけてきます。

　生物が生きるということは、廃棄物を出すということです。呼吸をすれば二酸化炭素を排出しますし、動物ならば排泄物を出します。排泄物は、やがて地中の微生物が分解してくれ、それでも残ったものは雨が地

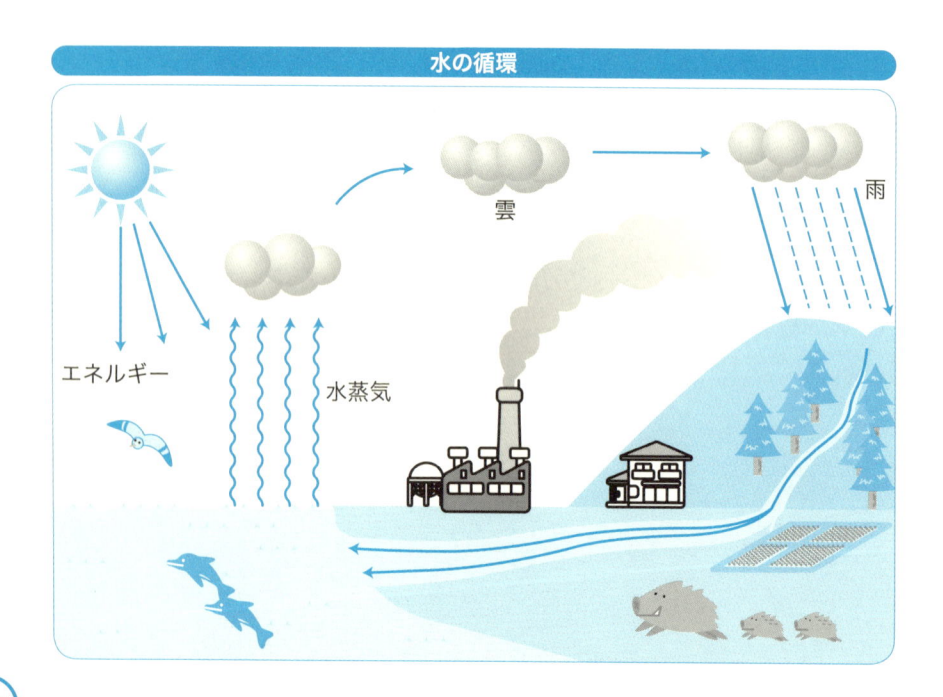

水の循環

上を流し、川に運んで、やがて海にたどり着きます。ここで膨大な量の水中生物によって分解されます。

　海水は太陽熱で温められ、蒸発して大気と混じり合い、内陸に達して雲になり、雨になって地上に降ります。雨は大気の掃除役です。二酸化炭素を溶かして炭酸とし、煤煙を地上に落として川に運びます。

　このように、環境は絶えず循環しているのです。私たち自身もこの循環の輪の一つになっているのです。

環境と化学物質

　身の回りを見てみましょう。テレビ、テーブル、衣服、食器、医薬品、いかに多くの物質に囲まれ、助けられているかに驚くのではないでしょうか。

　物質を天然素材からできたものと、人工的に作り出した合成化学物質に分けてみましょう。テレビやパソコンはもちろん、すべての電化製品のキャビネットはプラスチックであり、これはもちろん自然界には存在しない合成化学物質です。衣服もかなりの部分は合成繊維であり、カーテンや絨毯の多くは合成繊維です。

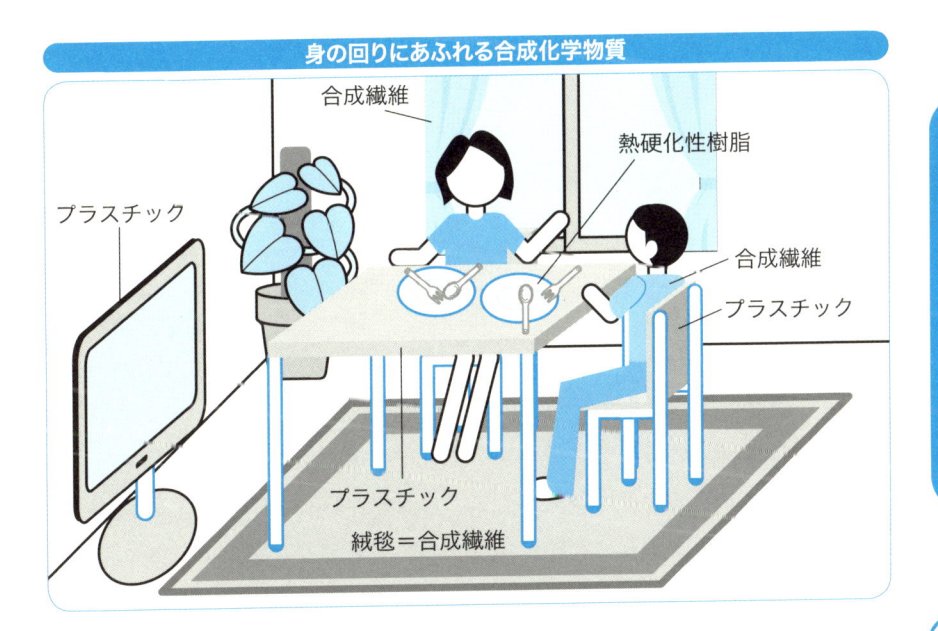

身の回りにあふれる合成化学物質

- プラスチック
- 合成繊維
- 熱硬化性樹脂
- 合成繊維
- プラスチック
- プラスチック
- 絨毯＝合成繊維

街に出て見てみましょう。道路は石油残渣(ざんさ)のアスファルトで覆われ、快適に見えるビルの空間も、内部装飾の多くはプラスチックです。乗り物の内部も、多くがプラスチックと合成繊維です。

　田園地帯でも同じことです。現代農業は、大地を利用した化学工業のようなものです。大量の化学肥料と農薬がなければ、この狭い地球の上で60億の人々の食料をまかなうことは不可能です。

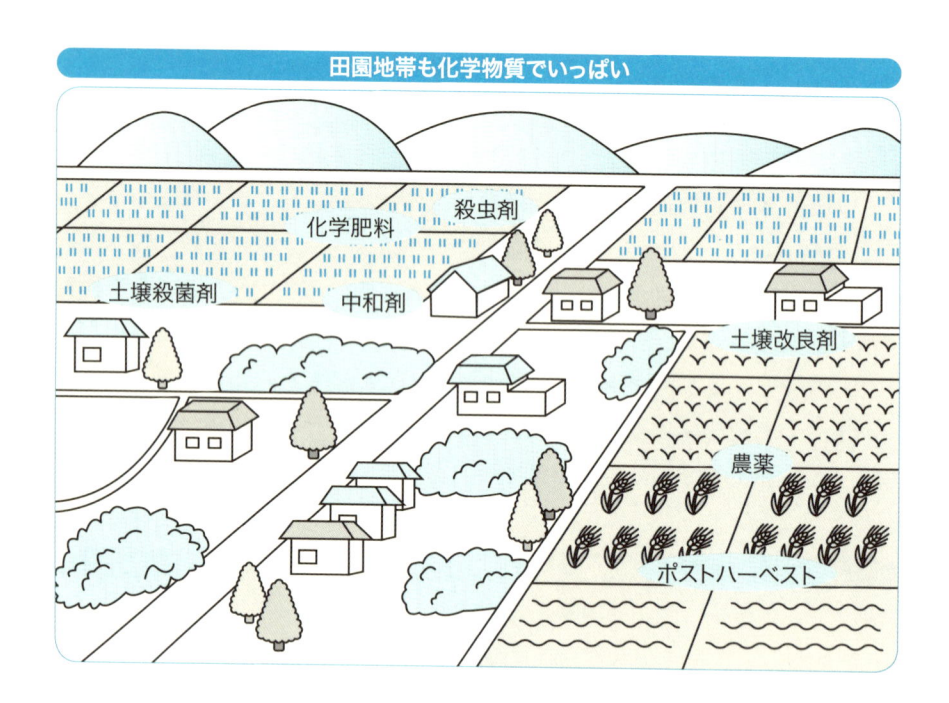

田園地帯も化学物質でいっぱい

化学肥料　殺虫剤　土壌殺菌剤　中和剤　土壌改良剤　農薬　ポストハーベスト

健康と環境

　このような環境の中で、私たちは自分の健康を守り、維持していくことができるのでしょうか。

A　食物と化学物質

　食物は大部分が天然素材ですが、現在の市販食物には必ずといってよいほど食品添加物が入っています。合成保存料、合成香味料、合成色素、…などです。安全な"食品の開発"という言葉は、安全な"食品添加物の開発"と言い換えてもよいような状態になっています。現代の食環境

から添加物を排除することは不可能ですが、安全な添加物に限定したいものです。

B 水と化学物質

生物にとって、水なしでは一日たりとも生きていくことはできません。水は飲用水として役立つだけではありません。上水道はもちろん、下水道、さらには工業用の水として、あらゆるところで使われています。この水の中にも合成化学物質が忍び込もうとしています。家庭や工場から排水として排出された汚水は、浄化が不十分なまま川や海へ排出されると回りまわって、私たちのもとに帰って来るのです。

C 空気と化学物質

私たちは絶えず空気を吸っています。しかし、その空気には酸素と窒素以外にさまざまな物質が入っています。道路に近ければ自動車の排ガス、工場に近ければ工場からの排ガスが混じり合っているでしょう。タバコの煙やにおいも混じるでしょうし、家具などの化学物質から染み出す未反応のホルムアルデヒドも混じっているかもしれません。

このように、環境に占める化学物質の種類と量は膨大なものにのぼります。環境問題に占める化学の比重は非常に大きいといわなければなりません。

私たちは、化学物質ととなり合う生活をしている

ホルムアルデヒド　調味料　空気　食品添加物　上水道　下水道　タバコ

12-2 公害って何だろう？

化学物質と環境は切っても切れない関係にありますが、私たちがそれに気づいたのはそれほど昔のことではありません。この重大な関係に気づかせてくれたのは、20世紀半ばに相次いで起こった公害問題でした。

公害の原点——足尾銅山

日本における公害問題の原点ともいえるものは、足尾銅山の公害です。足尾銅山は栃木県を流れる渡良瀬川の上流にあり、遠く江戸時代から続く銅山です。

銅山では鉱石から銅を取り去った後に鉱滓（こうさい）が出ますが、これが洪水のたびに渡良瀬川に流れ出し、漁業や農業に大きな被害を出しました。そればかりでなく、精錬所では不純物のイオウSを焼くため、亜硫酸ガスSO_2をはじめとした**イオウ酸化物SO_x**（ソックス）が出、これが雨に溶けて亜硫酸H_2SO_3となり、強い酸性の酸性雨を降らせるため、山の森林は枯れ、そのためにまた洪水になるという、悪循環を繰り返しました。

足尾銅山の公害は酸性雨を引き起こした

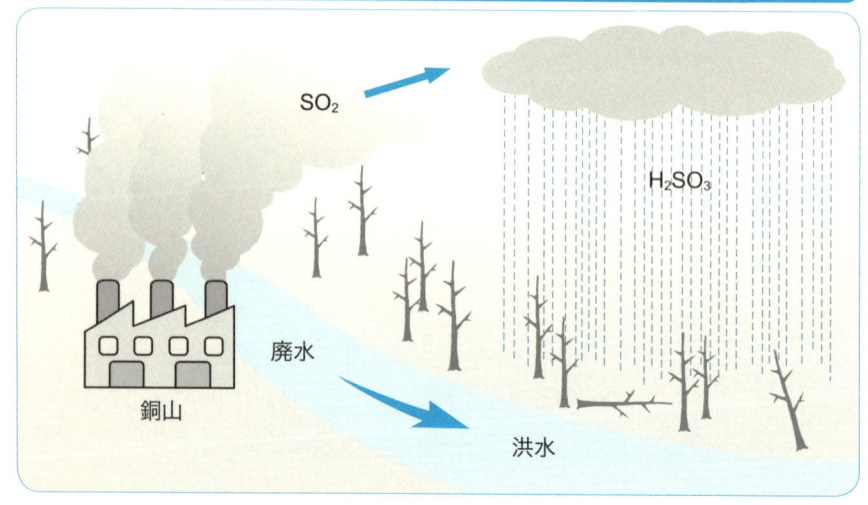

被害は1880年代から続きましたが、たび重なる住民の改善要望も取り上げられず、煙害地の村は移転消滅しました。

土壌汚染——イタイイタイ病

富山県を流れる神通川流域には、大正時代から不思議な病気がありました。患者はやせ衰え、とくに骨が弱くなり、強く咳をしたくらいでも骨折し、イタイイタイというのです。そのため、イタイイタイ病と名づけられました。

大学病院などで調査をしたところ、カドミウム Cd が原因の中毒だったことがわかったのです。なぜカドミウムが？ というと、これも原因は鉱山でした。神通川上流の岐阜県神岡町に神岡鉱山という亜鉛鉱山があり、精錬に伴う排水を浄化処理せずに神通川に流していたのです。

そのため、排水に混じったカドミウムが川を流れ、川から染み出して農地に達し、そこで育った農作物に濃縮されていたわけです。イタイイタイ病は、農地が汚染されるという土壌汚染が認識された最初の例でした。イタイイタイ病は1968年、日本で最初に公害と認定されました。

いまでは、鉱山跡を利用してスーパーカミオカンデが作られ、ニュートリノ研究の最前線となっています。

イタイイタイ病の原因はカドミウム中毒だった

🔵 工業排水——水俣病

　1955年ごろ、熊本県水俣市周辺にも奇妙な病気が出現しました。平衡感覚が冒される人や、重症な場合は痙攣を起こし、命を失う人が出ました。不思議なことに病人は漁業関係者に多く、また、猫にも同じような症状が出ることがありました。

　調べたところ、アセトアルデヒド製造工程で出るメチル水銀という有機水銀による汚染であることがわかりました。水俣湾に面したところにあった肥料工場がメチル水銀の溶けた排水を水俣湾に排出し、それを体内に濃縮した魚を食べていたことが原因だったのです。

　同じような被害は新潟県の阿賀野川流域でも起き、こちらは**新潟水俣病**、あるいは**第二水俣病**と呼ばれます。

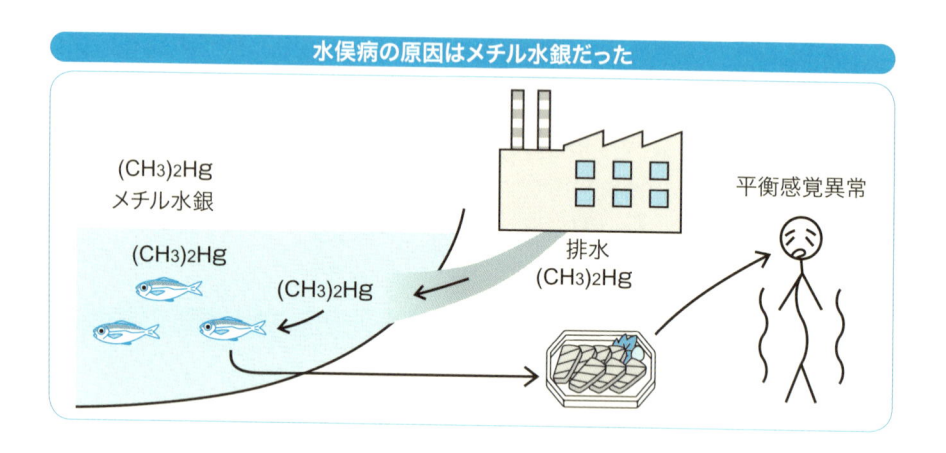

水俣病の原因はメチル水銀だった

$(CH_3)_2Hg$ メチル水銀

$(CH_3)_2Hg$

$(CH_3)_2Hg$

排水 $(CH_3)_2Hg$

平衡感覚異常

🔵 工業排ガス——四日市喘息

　1960年から70年にかけて、三重県四日市市に喘息が多発しました。**四日市喘息**といわれるものです。調べたところ、四日市コンビナートと呼ばれる工業地帯から排出される煙の中に含まれる、イオウ酸化物が原因とわかりました。煙を広く拡散するため、煙突を高くするなどの対策が採られましたが、効果はなく、結局、燃料の石油からイオウを除く脱硫装置をつけることで解決しました。

大気汚染が四日市喘息を引き起こす

化学物質の知られざる面——PCB

　人工的に作り出した化学物質のすべての性質を明らかにすることは困難です。そのため、有用な物質と思って使い始めたところ、後になって毒性が明らかになるということがあります。

　PCB（ポリ塩化ビフェニル）はそのような例です。PCBは絶縁性が高く、熱にも薬剤にも強い安定な油状物なので、変圧器の絶縁油や印刷インクの油として世界中で多用されました。ところが、1968年、日本でPCBが混じった食用油が消費者に渡る事件が起こり、皮膚障害や肝臓障害など、大きな被害が出ました。

　それを契機に、日本ではPCBの生産と新たな使用は禁止されました。しかし、それまでに生産されたPCBは安定なため有効な分解法がなく、長い間保管状態が続いていましたが、最近ようやく有効な分解法が開発されました。

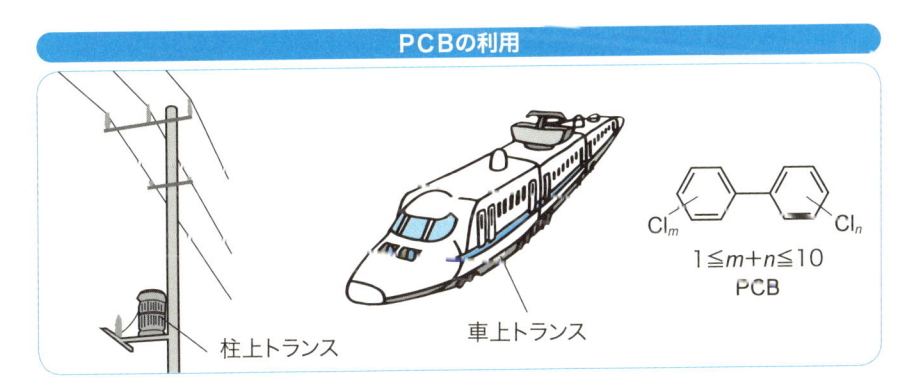

PCBの利用

Cl_m　　Cl_n
$1 \leq m+n \leq 10$
PCB

柱上トランス　　車上トランス

第12章　環境と有機化学

12-2　公害って何だろう？

12-3 環境問題って何だろう？

環境と化学物質のかかわりは広がり続け、今では地球的な規模にまで及んでいます。このような大きな規模の公害は、一国の対応だけでは手に負えません。そこで、多くの国々が手を取り合って、全地球的な規模で対策に取り組むことが大切です。

地球温暖化

最近、地球の温度が上昇しているといわれています。このままで推移すると、今世紀の終わりには地球の平均気温は3℃上昇し、それに伴う氷河や南極大陸の氷の溶解、および、海水の体積膨張によって、全世界の海面が50 cmほど上昇するといいますから、大変です。

この温度上昇の原因となっているのが温室効果ガスです。温室効果ガスは、熱エネルギーを取り込んで外部に放射しないため、地球を温室にでも入れたように温める効果のある気体のことです。気体はすべてこのような効果をもっているのですが、その効果には大小があります。それを表したものを**地球温暖化指数**といい、二酸化炭素を1として表します。

表に示したとおり、二酸化炭素の指数は他の気体に比べてむしろ小さく、温室効果は小さいことがわかります。しかし問題は気体の量です。石油が燃えたらどれくらいの量の二酸化炭素が出るか、おおざっぱに計算してみましょう。

第6章第1節で見たように、石油は炭化水素で、分子式はC_nH_{2n+2}です。簡単にするため、$(CH_2)_n$としてみましょう。石油の燃焼について、図の反応式(1)に示します。すると、石油1分子からn個の二酸化炭素が発生します。石油1分子の分子量は$14n$です。それに対して、n個の二酸化炭素の分子量は$44n$です。石油から二酸化炭素になることによって、重さは$14n$から$44n$、すなわち約3倍になるのです。

化石燃料の使用を控え、二酸化炭素の発生を抑えようとするのは、このような事情によるのです。

地球温暖化と化学

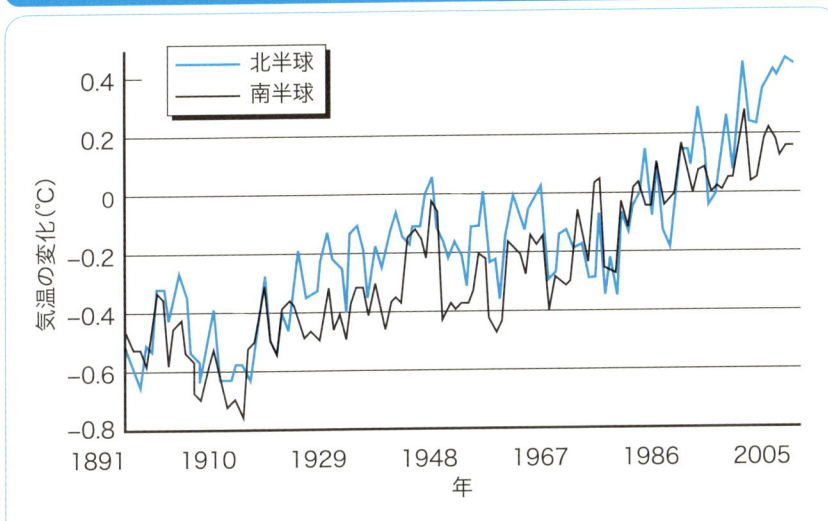

物　質	化学式	分子量	産業革命以前濃度	現在濃度	地球温暖化指　　数
二酸化炭素	CO_2	44	280 ppm	387 ppm	1
メタン	CH_4	16	0.7 ppm	1.8 ppm	26
一酸化二窒素	N_2O	44	0.28 ppm	0.32 ppm	296
対流圏オゾン	O_3	48		0.04 ppm	204

石　油　$H-CH_2-CH_2-\cdots\cdots CH_2-H$
　　　　　　　　　　　n 個

反　応　$nCH_2 + \dfrac{3n}{2} O_2 \longrightarrow nCO_2 + nH_2O$ 　(1)

分子量　$14n$　　　　　　　　$44n$

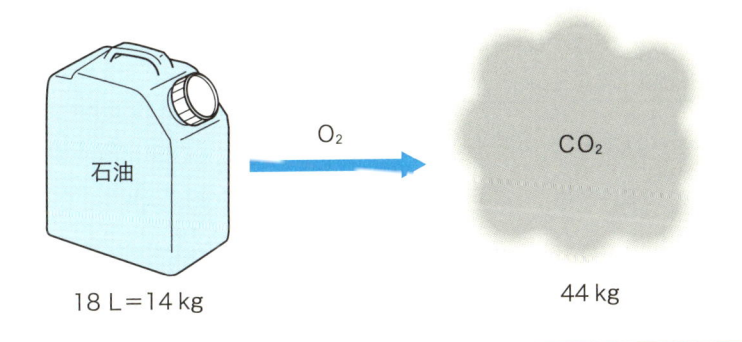

石油　18 L = 14 kg　　→ O_2 →　CO_2　44 kg

第12章　環境と有機化学

12-3　環境問題って何だろう？

オゾンホール

　宇宙からは宇宙線が降り注いでいます。宇宙線はエネルギーの高い紫外線、X線、さらには放射線の1つであるγ線まで含んでいます。このようなものが地上に降り注いだら生命は生存できません。いや、その前に、そもそも地球上に生命は発生しなかったでしょう。

　にもかかわらず地球上に生命体が存在できるのは、地球を取り巻く**オゾン層**のおかげです。オゾン層というのは成層圏の一部、地上およそ20～30kmほどのところにあるオゾンO_3の濃度の高い領域です。このオゾンが宇宙線の中の紫外線を吸収してくれています。

　ところが、南極上空のオゾン層には穴が開いていることがわかりました。そのため、南極に近い地域では、皮膚がんの患者が増えているとい

オゾン層のはたらきとフロンガス

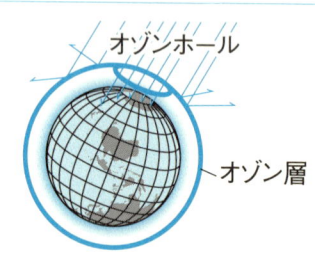

物　質	化学式	分子量	沸点(℃)	用　途	地球温暖化指数
フロン11	CCl_3F	137.4	23.8	発泡、エアロゾル、冷媒	4,500
フロン12	CCl_2F_2	120.9	−30.0	冷媒、発泡、エアロゾル	7,100
フロン113	$CClF_2CCl_2F$	187.4	47.6	洗浄剤、溶剤	4,500
フロン114	$CClF_2CClF_2$	170.9	3.8	冷媒	
フロン115	$CClF_2CF_3$	154.5	−39.1	冷媒	

$$CCl_3F \xrightarrow{紫外線} \cdot CCl_2F + \cdot Cl \quad 塩素ラジカル生成$$

$$\cdot Cl + O_3 \xrightarrow{紫外線} O_2 + \cdot ClO \quad オゾン破壊$$

$$2 \cdot ClO \xrightarrow{紫外線} O_2 + 2 \cdot Cl \quad 塩素ラジカル再成$$

繰り返し反応

われています。

穴が開いた原因はフロンです。フロンは炭素、塩素、フッ素からできた化合物で自然界には存在せず、人工的に作り出された物質です。生体に害がなく、沸点が低く安定なため、エアコンの冷媒、スプレーの噴射ガス、精密電子機器の洗浄溶媒として大量に生産、消費されました。

その結果、フロンガスは、拡散によって上昇し、オゾン層に達したのです。その後、太陽光で分解され、生じた塩素原子がオゾンを分解したのです。悪いことに、塩素の分解反応は繰り返し行われる連鎖反応ですので、1個の塩素が何千、何万個ものオゾンを分解します。

フロンは製造使用が禁止されましたが、これまでに放出されたフロンは、これからもゆっくりとオゾン層に上昇していきますので、まだまだオゾンホールは縮まりそうにありません。

● 酸性雨

雨は一種の蒸留水ですが、雲から落ちてくるときに大気中を通過し、いろいろな気体を吸収し、空気中に漂う細かい塵を洗い流し、大気を浄化してくれます。この過程で、二酸化炭素を吸収して炭酸となるので、そもそも雨は弱い酸性です。そのpHはおよそ5.6程度です。

ところが、pH5.6より酸性度が高い雨の降ることがあるのです。このような雨を**酸性雨**といいます。酸性雨の原因はおもに化石燃料の燃焼に伴うSO_x、NO_xです。SO_xが水に溶けると、硫酸H_2SO_4や亜硫酸H_2SO_3となり、NO_xが水に溶ければ、硝酸HNO_3や亜硝酸HNO_2になります。いずれ劣らぬ強酸ぞろいです。

酸性雨は湖沼の生物に害を与え、森林を枯らします。山の木々が枯れれば、保水力が落ちて洪水が起こり、自然が荒廃します。また都市部に降れば、屋根や銅像などの金属を錆びさせ、コンクリートを脆弱化させます。

日本では、四日市喘息の教訓を生かして、石油には脱硫装置をつけ、SO_xの発生を抑えていますが、最近では中国から流れてくるSO_xによる酸性雨が問題になりつつあります。つまり、地球的な規模での取り組みが必要なゆえんです。

普通の雨と酸性雨の違い

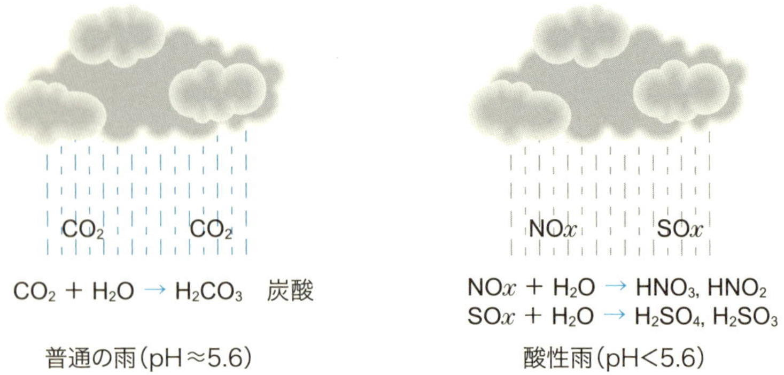

普通の雨（pH≈5.6）
$CO_2 + H_2O \rightarrow H_2CO_3$　炭酸

酸性雨（pH＜5.6）
$NOx + H_2O \rightarrow HNO_3, HNO_2$
$SOx + H_2O \rightarrow H_2SO_4, H_2SO_3$

光化学スモッグ

　暑くて風の少ない夏の午後、車の多い街中にいると目がチリチリし、のどがヒリヒリするような感覚に襲われたら、**光化学スモッグ**の可能性があります。スモッグはsmoke（煙）とfog（霧）から作った造語です。

　光化学スモッグの本体は光化学オキシダント（オゾンO_3）であるといわれますが、その生成過程は複雑です。自動車の排ガスなどに含まれる一酸化窒素NOが、太陽光の紫外線のエネルギーを使って光化学反応を起こし、オゾンを生成するといわれています。

　そのため、NOを多く発生する可能性の高いディーゼル車にはNOの発生を抑える装置をつけることが義務付けられています。

光化学スモッグが与える人への影響

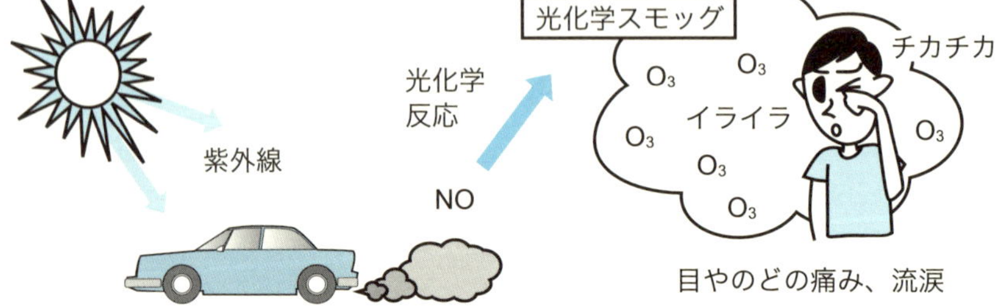

12-4 化学は環境を守れるの？

　環境問題の原因のほとんどすべては化学物質が占めています。その化学物質は自然界にはないもので人類が作り出したものか、あるいは自然界の浄化バランスを欠くほど大量に人類が作り出したものです。これらを作り出したのは化学です。したがって、その後片付けをしなければならないのも化学です。また、化学だけが後片付けする能力をもっているのです。化学の責任は大きいのです。

● 危険物の分解

　不要になった化学物質は廃棄しなければなりませんが、そのまま廃棄したのでは環境を汚染する元になります。危険な化学物質は分解して、安全なものにしてから環境に戻さなければなりません。

　ＰＣＢは40年近くも分解を待ち続けています。その間、燃焼をはじめ、熱分解、光分解、薬品による分解といろいろ試されましたが、効果的な分解法はありませんでした。その中に、最近になって有望と思われる方法がいくつか開発されつつあります。

　その一つは**超臨界水**という特殊な水を用いる分解法です。水を220気

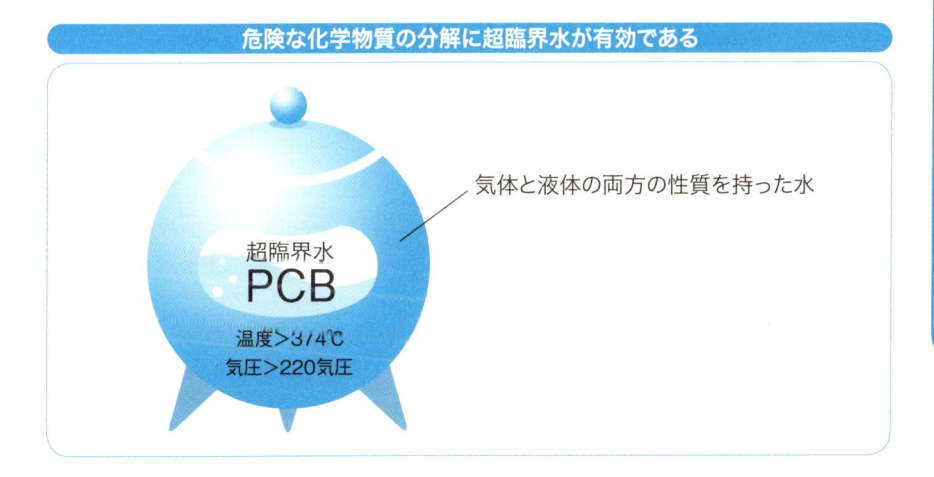

危険な化学物質の分解に超臨界水が有効である

超臨界水
PCB
温度>374℃
気圧>220気圧

気体と液体の両方の性質を持った水

圧以上で374℃以上にすると、超臨界水という特殊な水になります。この水は液体としての密度、粘度をもち、同時に、気体としての激しい分子運動を行っています。この水を用いると、ＰＣＢが効率的に分解されるのです。

しかし、この分解法は高温高圧を要するので、大掛かりな装置を必要とし、それだけに十分な安全策を講じなければなりません。

🔵 クリーンエネルギーの創出

地球温暖化、酸性雨、光化学スモッグの原因は、結局は石炭、石油という化石燃料を燃やすことにありました。化石燃料に頼らない社会を作るためには、化石燃料を用いないエネルギー体系を構築する必要があります。そのようなエネルギーを**クリーンエネルギー**といいます。

クリーンエネルギーの最右翼は原子力エネルギーです。原子力エネルギーには現在、原子力発電として稼動中の核分裂に基づくものと、現在研究中の核融合に基づくものがありますが、いずれも有機化学とは関係がありませんので、詳しく述べるのはやめましょう。

太陽電池は、シリコン半導体を用いて、太陽光エネルギーを直接電気エネルギーに換えるシステムです。しかし、高純度シリコンを作るためには相当なエネルギーとコストが必要となることから、有機物を使った有機色素増感太陽電池や有機薄膜太陽電池の研究が進められています。

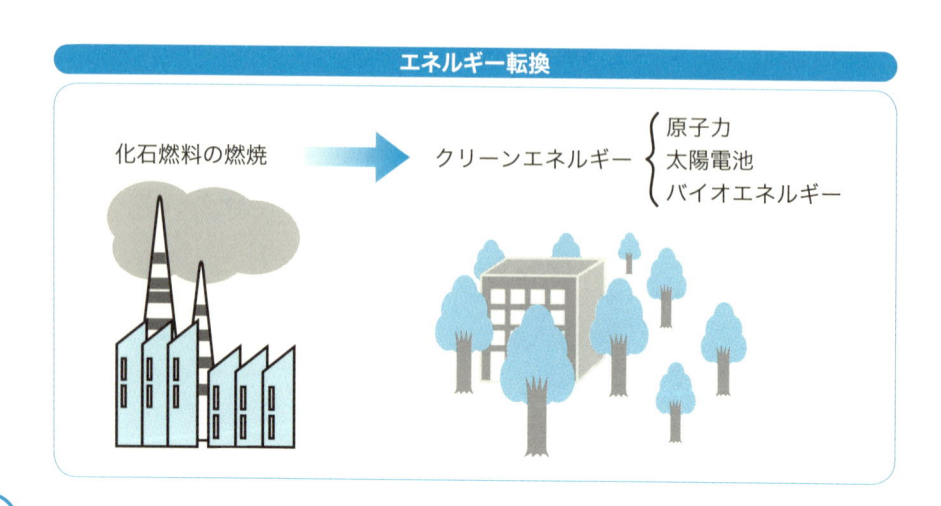

エネルギー転換

化石燃料の燃焼 → クリーンエネルギー ｛ 原子力 / 太陽電池 / バイオエネルギー ｝

食料資源かバイオマスエネルギーか

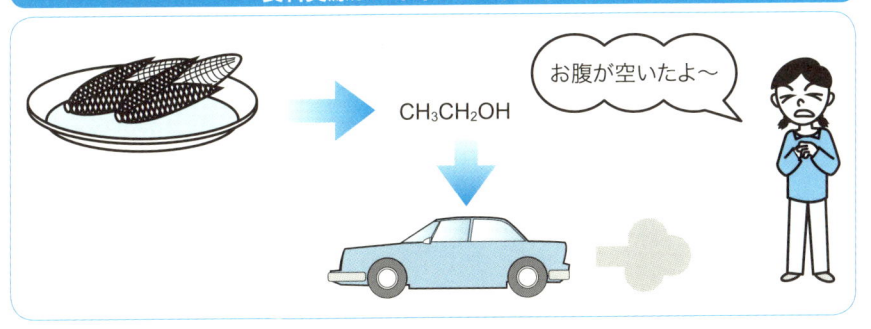

バイオマスエネルギーは、生物の力を借りてエネルギーを作り出そうとするものです。生ごみを発酵させてメタンガスとする試みは小規模で実用化されています。また、トウモロコシを発酵させてエタノールとし、ガソリンの代わりに使うのも、このエネルギーの一種です。しかし、主食の穀物をエネルギー源にすることには異論も起こりつつあります。

3 R

環境を汚さず、環境に負担をかけないために必要なことは3Rにまとめることができます。3Rとは**Reduce**（**節約**）、**Reuse**（**再使用**）、そして**Recycle**（**リサイクル**）のことをいいます。

原料の節約は最も基本的なことであり、有機化学でいえば、合成反応における溶媒の節約、高収率の反応の開発などが、これに相当します。

再使用は溶媒の再使用に生かすことができるでしょう。一度使った溶媒を廃棄するのでなく、精製して再度反応に用いるということです。

リサイクルは3Rの中でも最もよく知られた方策ですが、リサイクルには二種類あります。**ヒューエルリサイクル**と**マテリアルリサイクル**です。ヒューエルリサイクルは廃棄物を燃料として使おうというものです。その結果発生するエネルギーを用いることで、結果的にリサイクルになっているわけです。しかし、燃やされた有機物は二酸化炭素になり、再度有機物にするためには自然界の力（植物の光合成）を借りなければなりません。

それに対して、マテリアルリサイクルは製品を原料の素材に戻し、そ

れを用いて、再度製品を作ろうというものです。例えば、ペットボトルという製品有機物をＰＥＴという原料に戻し、それを再度製品化してペットボトルやポリエステル繊維製品にしようというものです。これは原料有機物を繰り返し使用するもので、最もリサイクルらしいリサイクルですが、じつはたいへんな方法です。

まず、多くの種類が混じっているプラスチックの中からＰＥＴだけを選別しなければなりません。次に、このＰＥＴを溶解しなければなりません。そして最後にまた、化学操作によって製品化しなければなりません。選別には多大の労力とそのための人件費を要します。溶解や製品化には、溶媒、エネルギー、複雑な反応装置を必要とします。

このようなことで余分なエネルギーを使うくらいなら、燃料として利用するヒューエルリサイクルが実用的だ、との見方も出てきます。

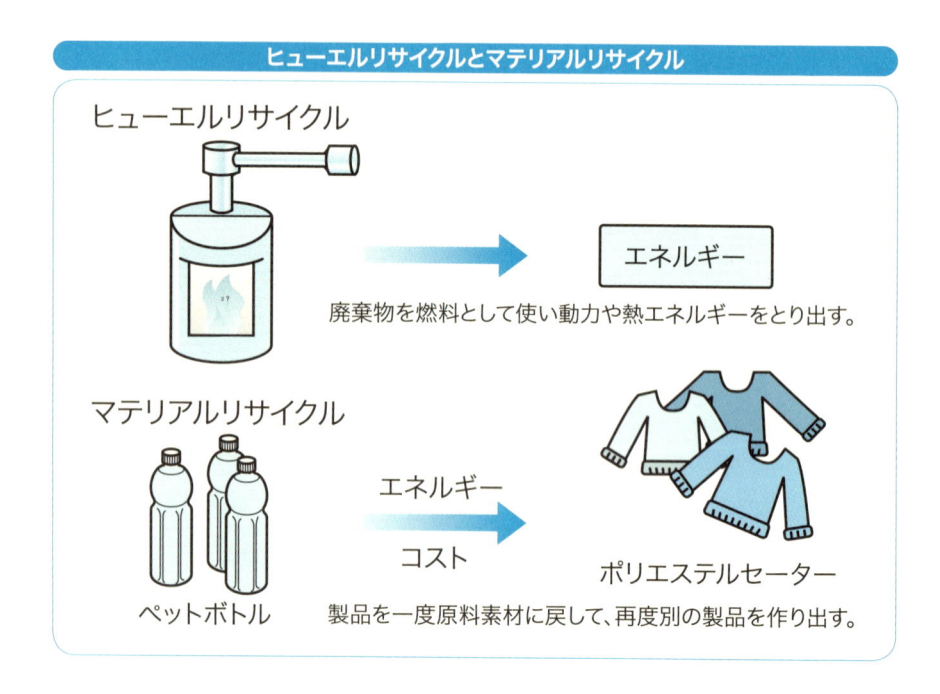

ヒューエルリサイクルとマテリアルリサイクル

ヒューエルリサイクル

→ エネルギー

廃棄物を燃料として使い動力や熱エネルギーをとり出す。

マテリアルリサイクル

ペットボトル → エネルギー コスト → ポリエステルセーター

製品を一度原料素材に戻して、再度別の製品を作り出す。

第13章
現代の有機化学

1 超分子って何だろう？
2 どんな合成材料があるの？
3 どうやってエネルギーを作るの？
4 これからの有機化学はどうするの？

13-1 超分子って何だろう？

　原子は集合し、結合して分子を作ります。分子は、物質の性質を示す上での最小単位というべきものです。水素原子に水の性質を見ることは困難です。しかし、水素原子と酸素原子の結合した分子は水としての性質を示すようになります。それでは、分子どうしが結合したらどうなるのでしょう。

🔵 超分子とは——

　分子にはH_2、O_2、N_2のように単一の種類の原子からできた分子もあります。しかし、ほとんどすべての分子は、複数種類の原子が複数個集まり、結合してできた構造体です。

　原子は結合し分子を作りますが、その分子が結合することはないのでしょうか。つまり、分子どうしが集まって、より高次の構造体を作ることはないのでしょうか。答えは「ある」です。分子も集まって、より高次元の構造体を作るのです。それを、分子を超えた分子という意味で**超分子**といいます。

A　水の超分子

　先に水の結合は酸素がマイナスに、水素がプラスに荷電していることを見ました。その結果、ある水分子の酸素原子と、他の水分子の水素原子との間でクーロン引力が発生します。このような引力（水素結合）で結合したのが水の会合でした。この会合した水の分子集団こそが超分子の一種なのです。

　氷の構造を見てみましょう。氷ではすべての水分子が決まった位置に設置され、すべての分子の間で水素結合が形成されています。これは氷という水分子の結晶自体が、多数の分子が一定のクーロン引力によって結合した超分子であるということができます。

水分子がもつ水素結合

B　安息香酸の超分子

　安息香酸はベンゼン環にカルボキシ基がついた分子です。カルボキシ基はヒドロキシ基-OHとカルボニル基 >C=O の複合したものと見ることができます。-OH基を見ると、Oがマイナス、Hがプラスに帯電しています。>C=O基を見ると、Oがマイナス、Cがプラスに帯電しています。そのため2個の安息香酸は互いに引きあい、2個で1個のような関係を生じます。これを二量体といいます(p140)。

カルボキシ基の構造

🔵 生体超分子

生体は超分子の塊のようなものです。生体の機能をつかさどる多くのものが超分子構造になっているのです。

A DNA

DNAは二重らせん構造をとっています。これは2本の長大なDNA分子がクーロン引力である水素結合の力を借りて、再現性のある集合構造をとっているのです。DNAの二重らせん構造体は、その機能を考えると、究極の超分子構造といってよいものではないでしょうか。

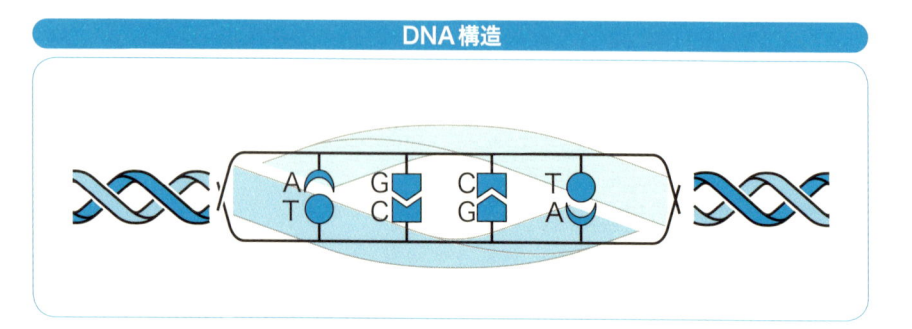

DNA構造

B 酵 素

生体は外界から来た栄養分(化学物質)を分解してエネルギーを生産し、そのエネルギーで化学物資を結合して、生体構成物資を合成しています。生体とその細胞は化学反応の実験室といえます。

しかし、私たちが化学実験室で有機化合物を反応させるためには、一般に酸性・塩基性などの過酷な条件と、100°Cを超える深刻な条件を必要とします。生体がそのような厳しい条件を用いずに化学反応を進行させることができるのは触媒のおかげなのです。そして、生体反応における触媒が酵素です。

a 鍵と鍵穴

酵素の働きによって化学反応を行う物質を**基質**といいます。酵素はどのような基質でも反応を促進するわけではありません。特定の基質の特

定の反応だけを促進するもので、この関係は鍵と鍵穴の関係に例えるとよくわかります。

酵素が反応促進の働きを行うためには、基質と有効な結合をして、位置、配向を反応に有利な方向に決定することが必要となるのです。そのためには、酵素と基質の間に特有の立体関係が成立することが必要であり、それを**鍵と鍵穴の関係**といいます。

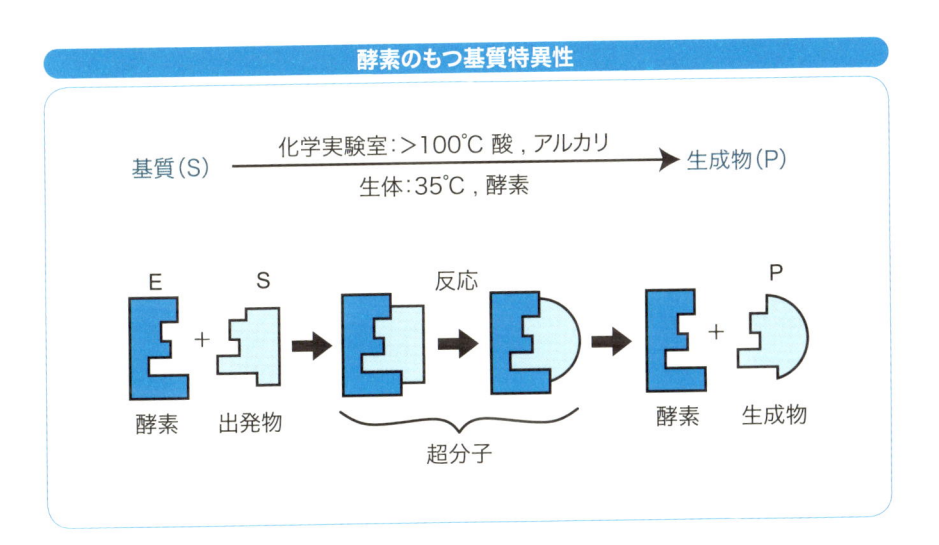

酵素のもつ基質特異性

基質(S) ── 化学実験室:>100℃ 酸,アルカリ / 生体:35℃,酵素 → 生成物(P)

E + S → ES → 反応 → E) → E + P
酵素 出発物 　　　超分子　　　 酵素 生成物

b 基質と酵素

酵素と基質が結合するのも、両者の間で水素結合などの分子間力が働き、超分子構造が形成されているからなのです。このように、生体では、あらゆる場面で、分子間力に基づく超分子構造が形成され、機能しているのです。その意味で、生体そのものが超分子であるといってもよいような構造になっています。

13-2 どんな合成材料があるの？

　私たちはさまざまの品物や道具を利用して生活しています。家に住み、家電製品を使い、衣服を身に付け、食器や文房具を使っています。これらの品物や道具はさまざまな材料からできています。天然物もあれば合成品もあります。ここでは合成材料のいくつかを見てみましょう。

● 伝導性高分子

　物質には電気を通す**伝導体**と、通さない**絶縁体**とがあります。一般に有機物は絶縁体であり、とくに高分子、プラスチックは絶縁体であると思われていました。しかし、その常識が覆されたのです。

　現在では、電気を通すプラスチックが身の回りで大活躍しています。それだけではありません。有機物の中には低温で超伝導性を示す有機超伝導体や、磁石に吸いつく有機磁性体も開発されています。

A　ポリアセチレン

　ポリアセチレンは、白川英樹博士がノーベル賞を受賞することになった電導性高分子です。ポリエチレンがエチレンの重合体であるのと同じように、ポリアセチレンはアセチレンの重合体です。そのため、二重結合が一つおきに連なった共役二重結合であり、電子雲が長い分子鎖を形成しています。

B　ドーピング

　電気はこの電子雲を通って流れそうなものですが、そうはならず、ポリアセチレンは絶縁体です。これは電子雲の中に電子が一杯に詰まっているため、ちょうど自動車が渋滞して動けないのと同じ状態になっているのです。この状態を解消するには電子を除いてやればよいことになります。

高分子化合物の電気伝導性

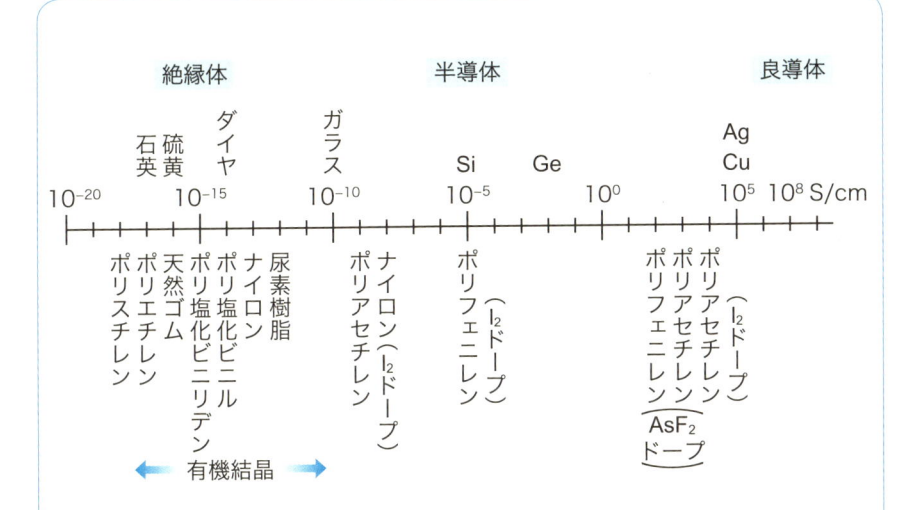

	絶縁体	半導体	良導体
	石英・硫黄・ダイヤ	ガラス　Si　Ge	Ag, Cu
スケール	10^{-20} ― 10^{-15} ― 10^{-10}	10^{-5} ― 10^{0}	10^{5}　10^{8} S/cm

- ポリスチレン、ポリエチレン、天然ゴム
- ナイロン、ポリ塩化ビニル、ポリ塩化ビニリデン、尿素樹脂
- ナイロン（I_2 ドープ）、ポリアセチレン
- ポリフェニレン（I_2 ドープ）
- ポリフェニレン、ポリアセチレン（AsF_2 ドープ）
- ポリアセチレン（I_2 ドープ）

← 有機結晶 →

おもな導電性高分子

物質名	化学構造	ドープ材	電気伝導率 (S/cm)
ポリフェニレンビニレン	－⟨◯⟩－CH=CH－⟨◯⟩－CH=CH－	AsF_5	2800
ポリアセチレン	～～～～	I_2 AsF_5	14000 1200
ポリピロール	⟨N⟩－⟨N⟩ (H, H)	BF_3	1000
ポリパラフェニレン	－⟨◯⟩－⟨◯⟩－	AsF_5	500

第13章　現代の有機化学

13-2　どんな合成材料があるの？

ポリアセチレンの構造

電子雲

　その役割をするのがドーピングです。ドーピングとは小量の不純物（ドープ材）を加えてやる（ドープ）ことを意味します。ドープ材としてはヨウ素I_2や五フッ化ヒ素AsF_5などが用いられます。ドープ材を加えられたポリアセチレンは金属並みの電気伝導性を示します。

高吸水性高分子

　一般的に繊維は吸水性があります。これは毛細管現象によるものであり、もっと詳細に見れば、繊維分子と水分子との間に分子間力が働くことによるものです。毛細管現象による吸水性には限度があり、布をしぼれば水がしたたり落ちることは、経験が教えてくれるとおりです。

　しかし、紙オムツや生理用品に利用される高吸水性高分子の吸水性は、毛細管現象による吸水性とはケタが違います。高吸水性高分子は自重の1000倍以上もの水を吸います。

　高吸水性高分子のこの吸水性の秘密は分子構造にあり、その中でも二つの要素が大きく働きます。一つは**ケージ（カゴ）構造**であり、もう一つはカルボン酸ナトリウム塩であるということです。

　ケージ構造は水分子を閉じ込めて放さないという効果があります。一方、カルボン酸ナトリウム塩は水に会うと、電離してカルボン酸陰イオンとナトリウム陽イオンになります。両イオンは水和して安定化したいためケージ内に水を招き入れます。それによって、また塩の電離が促進されるという循環効果が発生するのです。

ケージ構造とそのはたらき

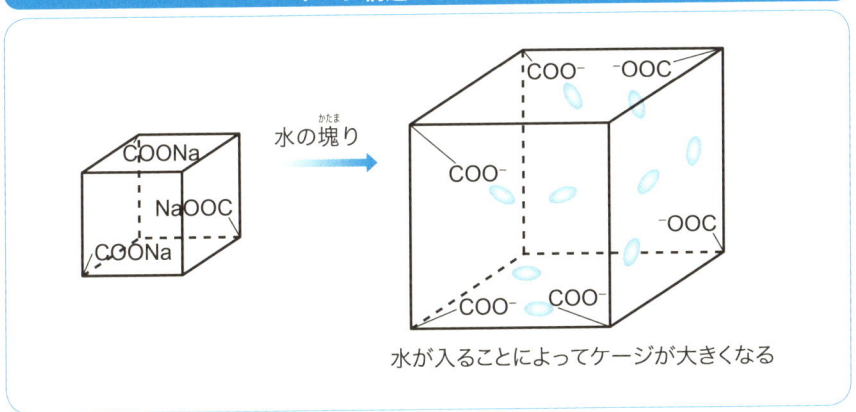

水が入ることによってケージが大きくなる

● イオン交換樹脂

　イオン交換樹脂はその名前のとおり、溶液中のイオンを別のイオンに交換するものです。

　イオン交換樹脂には陽イオンを交換する陽イオン交換樹脂と陰イオンを交換する陰イオン交換樹脂があります。陽イオン交換樹脂の例は、溶液中のナトリウムイオンNa^+を水素イオンH^+に交換するものです。そして陰イオン交換樹脂の例には、溶液中の塩化物イオンCl^-を水酸化物イオンOH^-に交換するものがあります。

　では、両方のイオン交換樹脂を詰めたカラムに海水を通したら、どうなるでしょうか。海水中のNa^+はH^+に換わり、Cl^-はOH^-に換わります。つまり、Na^+Cl^-の食塩がH^+OH^-の水に換わったわけです。イオン交換樹脂を使えば、海水から真水を作ることができるのです。

イオン交換樹脂に用いられる高分子化合物

陽イオン交換樹脂

陰イオン交換樹脂

☐–$SO_3^-H^+$ + Na^+ ⟶ ☐–SO_3Na + H^+

☐–$\overset{+}{N}R_3OH^-$ + Cl^- ⟶ ☐–$\overset{+}{N}R_3Cl$ + OH^-

海水から水が作られるしくみ

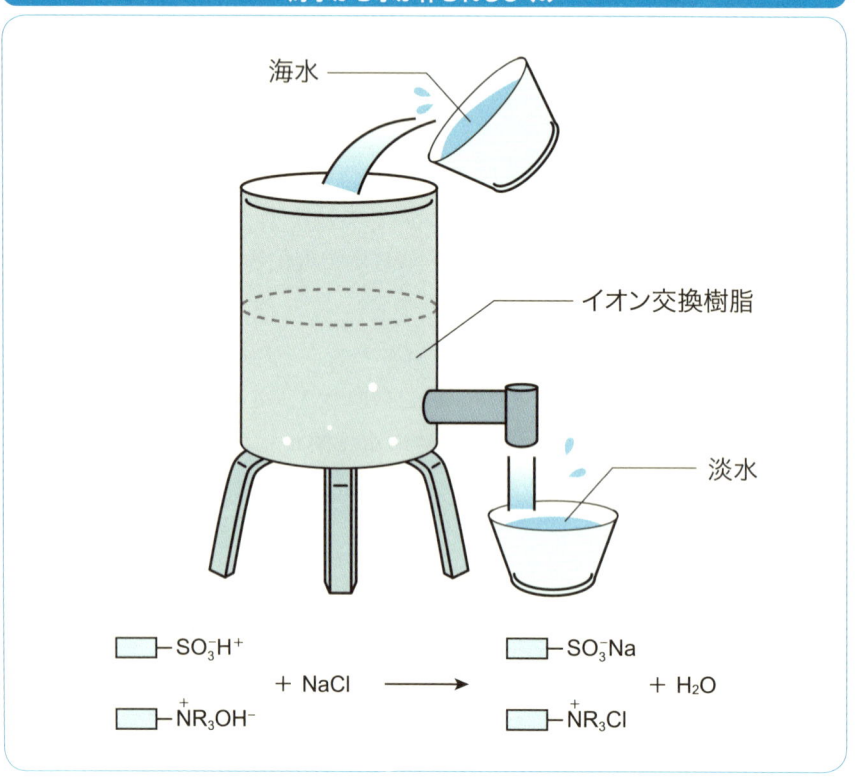

海水

イオン交換樹脂

淡水

☐–$SO_3^-H^+$
☐–$\overset{+}{N}R_3OH^-$ + NaCl ⟶ ☐–SO_3^-Na
☐–$\overset{+}{N}R_3Cl$ + H_2O

13-3 どうやってエネルギーを作るの？

　私たちはエネルギーなしでは一日たりとも生活できません。現在はそのエネルギーの多くを石油、石炭などの化石燃料に頼っています。

　しかし、化石燃料の燃焼は、二酸化炭素の発生によって、地球温暖化をもたらし、また、イオウ酸化物 SO_x や窒素酸化物 NO_x の発生によって、酸性雨や光化学スモッグを引き起こしています。そのため、化石燃料に代わる新しいエネルギー源が求められています。

● 燃料電池

　燃料電池は燃料を燃焼して発生した化学エネルギーを電気エネルギーに換える装置です。現在、燃料として注目されているのが水素であることから、燃料電池といえば水素燃料電池を指すような状況になっています。

　水素燃料電池の構造は図のとおりです。燃料の水素が触媒の力によって水素イオン H^+ と電子 e^- に解離し、電子は外部回路（導線）を通って正極へ移動し、酸素と結合して酸素を陰イオン O^- にします。一方、H^+ は溶液中を移動して正極に達し、O^- と反応して水 H_2O になります。

　つまり、水素と酸素が反応して水になる化学反応のエネルギーを利用して、電気を流していることになります。

水素燃料電池のしくみ

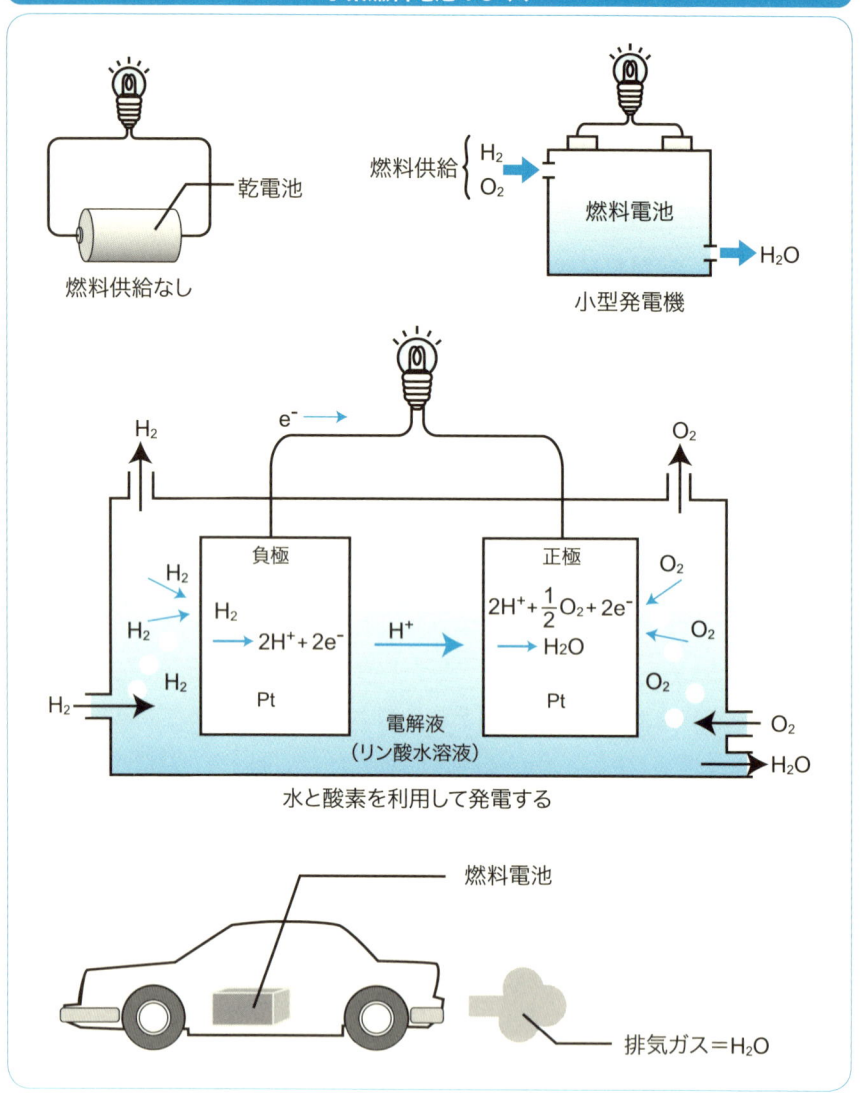

乾電池
燃料供給なし

燃料供給 H_2, O_2
燃料電池 → H_2O
小型発電機

負極
H_2
$\rightarrow 2H^+ + 2e^-$
Pt

正極
$2H^+ + \dfrac{1}{2}O_2 + 2e^-$
$\rightarrow H_2O$
Pt

電解液（リン酸水溶液）

水と酸素を利用して発電する

燃料電池
排気ガス＝H_2O

有機化学の出番

　燃料電池の問題点は燃料と触媒の二点にあります。現在のところ、触媒に使われるのは貴金属の白金Ptです。白金の価格は最近、急上昇を続けています。そのため、白金に代わる触媒の開発が待たれています。

　また、燃料は水素ガスであり、これは爆発性の気体ですので貯蔵、運

搬に危険が伴います。そこで、安定な液体有機物であるメタノールを燃料にする研究が進み、すでに実用化されています。

メタノールを燃料にする場合には、メタノールを触媒で分解して水素ガスを取り出し、それを燃料にする方式と、メタノールそのものを燃料として燃やす方法の二とおりがあります。

● 太陽電池

太陽電池は太陽光の光エネルギーを電気エネルギーに変える装置です。多くの利点を持つため、将来、主要なエネルギー源になるものと期待されています。

A 太陽電池

太陽電池は燃料を使わないので廃棄物が出ることなく、可動部分がないので、機械的な故障がなく、原理的には半永久的に利用できる発電システムです。また、ビルの屋根や壁面、一般家庭の屋根などに設置して、そのビル、家庭の電力を賄うなど、小規模発電にうってつけのシステムです。しかも発電場所と使用場所が近いため、送電設備が不要であり、また送電に伴う電力ロスもありません。

B シリコン系太陽電池

太陽電池の主要な形式はシリコンを用いたものです。シリコンSiは14族の元素で半導体です。これに13族のホウ素Bを加えると、電子が不足したp型半導体になります。反対に、15族のリンPを加えると、電子過剰のn型半導体になります。

これらp型とn型の半導体を接合し、これに太陽光を当てると、接合面の近くで電子と正孔が発生します。電子はn型半導体中を移動して負極に集まり、導線を移動します。一方、正孔はp型半導体中を移動して正極に集まり、導線を移動します。この電気的な流れが、エネルギーを発生し、電気エネルギーとなって、電灯を点灯するのです。

シリコン系太陽電池のしくみ

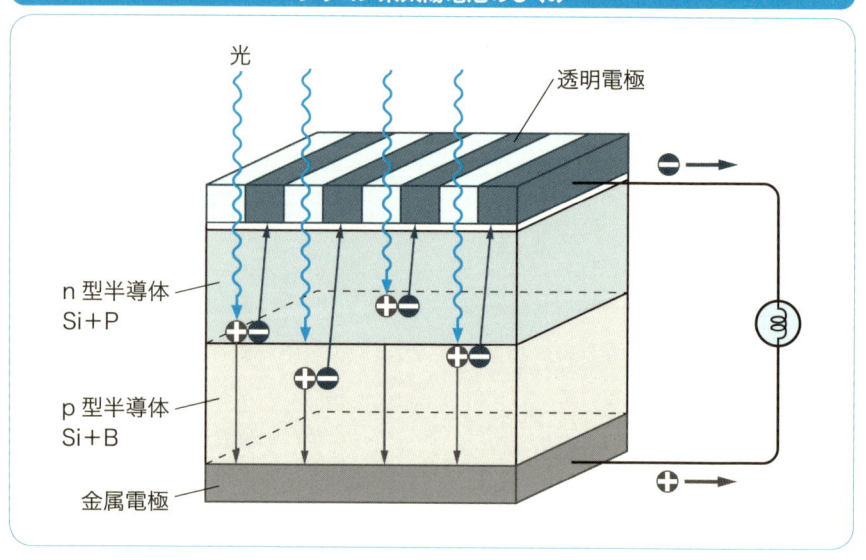

図中ラベル：光／透明電極／n型半導体 Si+P／p型半導体 Si+B／金属電極

C　有機化学の出番

　有機物を用いた太陽電池も開発中です。有機物系太陽電池には二とおりの発電方式があります。**有機色素増感太陽電池**と**有機薄膜系太陽電池**です。

　有機色素増感太陽電池は、有機色素と酸化チタン TiO_2、ヨウ素 I_2 などを組み合わせたものです。光を色素で吸収してイオンが移動する電解質層が必要になります。

　有機薄膜系太陽電池は、高分子を用いたもので、有機物の分子構造はたいへん複雑ですが、太陽電池の構造は2枚の電極の間に2種類の高分子の混合物を挟むだけであり、非常に単純な構造です。n型とp型を混ぜて塗るだけで、いろいろな形や色にすることができます。

　両者とも、現在のところ、シリコン系太陽電池に比べれば、変換効率や耐久性は良くはありませんが、簡単に作ることができ、しかも値段が安くできるので、コストパフォーマンスの面から期待されています。また、有機物の性質から、軽く、柔軟性がありますので、屈曲自由の太陽電池など、使い勝手の良い画期的な太陽電池になることが期待されます。

期待される有機物系太陽電池

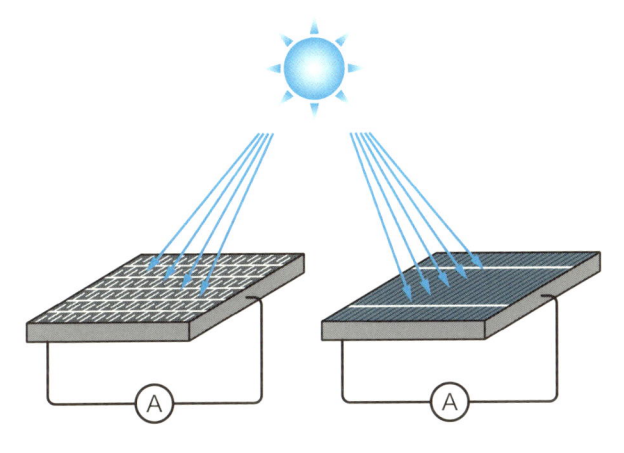

	有機物系太陽電池	シリコン系太陽電池
発電効率	小さい	大きい
コスト	低い	高い
性質	軽い、柔軟	重い、固い

有機系太陽電池に使われる化合物

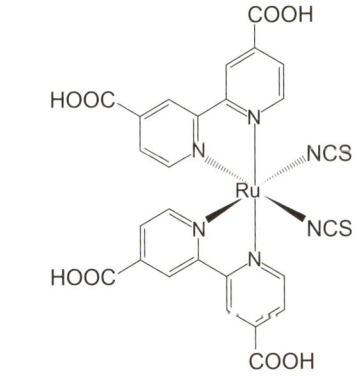

有機色素増感太陽電池に使われる化合物の代表例

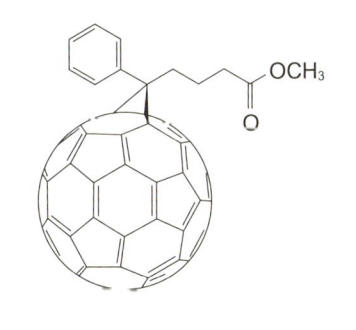

有機薄膜系太陽電池に使われる化合物の代表例

13-4 これからの有機化学はどうするの？

「公害」の項で見たように、過去の化学、化学産業は製品や廃棄物などを通して環境に負担をかけてきました。これからの化学は二度とこのようなことのないように、行動、製品いずれの面においても万全の注意が要求されます。それと同時に、汚れた環境の浄化もまた化学に課せられた重大な使命です。

このような課題を考え、実現する化学を**グリーンケミストリー**（**緑の化学**）といいます。緑は"美しい環境"の意味を込めたものです。

● 生分解性高分子

プラスチックは成形自在で丈夫であり、しかも安価ということで、家庭のあらゆるところで大活躍しています。

しかし、不要になったプラスチックは始末に困ります。とくに環境に放置されたプラスチックは、その丈夫さがゆえに、壊れも分解もせずに環境に留まり続けます。海藻と間違ってポリエチレンフィルムを食べた海がめや、脚に釣り糸を絡ませた海鳥などが問題になっています。

この問題を解決するためには、環境の細菌で分解されるプラスチックを作ればよいことになります。このようなプラスチックを**生分解性高分子**といいます。生分解性高分子には、図に示したような、いくつかの種類が知られています。

生分解性高分子の構造

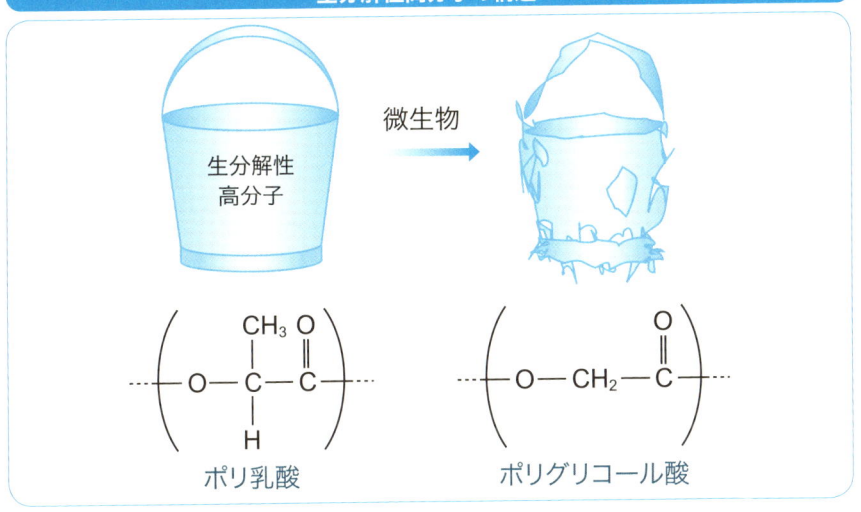

ポリ乳酸

ポリグリコール酸

🔹 環境に優しい有機化学

　有機化学は有機物の反応を研究します。有機物を反応させるためには、出発物質としての有機物と生成物としての有機物を扱うことになりますが、これ以上に大量に扱わなければならない有機物があります。それは溶媒です。有機物は有機物にしか溶けません。そのため、有機反応には有機溶媒が必要になり、それが環境に大きな負担となっています。

　しかし、最近、それに関して明るい兆しが見えてきました。それは前章でも見た超臨界物質の利用です。超臨界状態の水や二酸化炭素は有機物を溶かすので、有機化学反応の溶媒として使うことができるのです。これらを用いると、有機化学反応で使用する有機物の量を飛躍的に減少することができます。

環境に優しい有機化学の利用

PCB　　ダイオキシン　→（超臨界水）→ 分解無害化

13-4 これからの有機化学はどうするの？

これからの有機化学

　このように、現在の有機化学反応は、ただ単に原料物質を目的物質に変えるだけではありません。環境に優しいということを第一に考えるようになりつつあります。そして、そのためには、

① 少ない原料を効果的に使う。
② 反応の経路(段階数)を短くする。
③ 触媒反応を用いる。
④ 廃棄物を出さない。
⑤ 省エネを心がける。
⑥ 人体と環境に優しい工程と製品を心がける。

などを、常に念頭に置くことが求められています。

　化学は環境を汚しましたが、その環境を元に戻し、環境に優しい物質を作ることは化学にしかできないことなのです。

未来を明るくする化学であるために

索引 INDEX

数字・アルファベット

3R ― 213
α-ヘリックス ― 182
β-シート ― 182
π結合 ― 54
σ結合 ― 53
DNA ― 189
E1反応 ― 126
E2反応 ― 127
IUPAC命名法 ― 80
PCB ― 205
RNA ― 194
S_E反応 ― 154
S_N1反応 ― 122
S_N2反応 ― 123

ア行

アセタール ― 148
アセチレン ― 55
アセトアルデヒド ― 107
アセトン ― 108
アゾ色素 ― 158
アニリン ― 151,157
アボガドロ数 ― 64
アミド ― 144
アミド化 ― 144
アミド結合 ― 181
アミノ基 ― 151
アミノ酸 ― 181
アミン ― 109,151
アルカン ― 83
アルキル基 ― 103
アルキン ― 83
アルケン ― 83
アルコール ― 106,132
アルコキシド ― 134
アルデヒド ― 107,145
安息香酸 ― 157
イオン ― 34
イオン結合 ― 45
イオン交換樹脂 ― 223
異性体 ― 74
イソプレン ― 173
一分子反応 ― 113
遺伝子 ― 194
イミン ― 149
陰イオン ― 34
ウィリアムソン合成 ― 136
ウレア樹脂 ― 175
エーテル ― 108
エステル ― 143
エステル化 ― 143
エタノール ― 106
エタン ― 85
エチレン ― 52
塩化ベンゼンジアゾニウム ― 158
エンプラ ― 165
オキシム ― 149

233

カ行

開殻構造	33
会合	72
会合体	72
回転異性体	50
化学反応	16
化学変化	16
鍵と鍵穴の関係	219
可逆反応	112
核酸	189
化合物	62
重なり型	50
加水分解	143
化石燃料	18
活性化エネルギー	116
カップリング反応	158
価電子	34
価標	48
加硫	168
カルボニル化合物	145
カルボン酸	107, 138
還元	118
還元剤	120
還元反応	118
環状化合物	90
官能基	103
慣用名	85
ギ酸	107
基質	113, 218
軌道	40
逆反応	112
求核攻撃	114
求核試薬	114
求電子攻撃	114
求電子試薬	114
求電子置換反応	154
共役二重結合	56
共有結合	46
極性化合物	97
銀鏡反応	146
金属結合	45
クリーンエネルギー	212
グリーンケミストリー	230
グルコース	180
ケージ構造	222
結合	44
結合手	48
結合電子	47
結合電子雲	47
結晶性部分	167
ケトン	108, 147
原子	13
原子価	48
原子核	30
原子番号	31
原子量	40
光学異性体	76
硬化油	179
高級脂肪酸	179
合成樹脂	165
合成繊維	165
酵素	218
構造式	66
高分子	20
コドン	193
ゴム	168
混成エーテル	136

サ行

最外殻	34
最外殻電子	34
ザイツェフ則	126

酢酸	107
酸化	118
三価アルコール	132
酸化剤	120
酸化反応	118
三重結合	55
酸無水物	142
シアノヒドリン	149
ジエチルエーテル	108
シクロアルカン	83
シクロアルキン	83
シクロアルケン	83
脂質	178
シス体	54
質量数	31
脂肪	178
脂肪酸	178
試薬	113
周期	36
周期表	35
出発系	112
シン・アンチ異性	150
水素結合	44
スクロース	180
ステロイド骨格	185
スルホン化	155
生成系	112
正反応	112
生分解性高分子	230
セルロース	180
遷移状態	116
相対質量	39
族	36

第一級アルコール	132
第二級アミン	151
第二級アルコール	132
第三級アミン	151
第三級アルコール	132
多段階反応	112
脱離反応	124
炭化水素	18
単結合	52
単糖類	180
タンパク質	181
置換基	102
置換反応	121
中間体	112
中性子	31
中性脂質	178
超分子	216
超臨界水	211
低級脂肪酸	179
電気陰性度	38
電子	30
電子雲	30
電子殻	32
電子対	41
電子配置	33
天然高分子	180
デンプン	180
同位体	39
同素体	62
糖類	180
ドーピング	221
トランス体	54
トリニトロトルエン	109
トルエン	156

タ行

第一級アミン	151

ナ行

内部エネルギー	116
ナイロン	172
ナトリウムアルコキシド	134
ナノテク	29
ナフタレン	99
二価アルコール	132
二重結合	52
二糖類	180
ニトリル化合物	110
ニトロ化	154
ニトロ化合物	109
ニトログリセリン	109
ニトロベンゼン	154
二分子反応	113
ニューマン投影図	50
尿素樹脂	175
二量体	140
ヌクレオチド	191
ねじれ型	50
熱可塑性高分子	165
熱硬化性高分子	165
燃焼熱	116

ハ行

反応	112
反応性	16
反応速度	114
反応熱	116
反芳香族	100
汎用樹脂	165
ビタミン	184
ビニル基	105
ヒューエルリサイクル	213
フェーリング反応	146
フェニル基	105
フェノール	133,157
フェノール樹脂	175
不可逆反応	112
付加反応	128
フタル酸	138
ブタン	85
不対電子	41
物質	10
不飽和結合	52
不飽和脂肪酸	179
フリーデル・クラフツ反応	156
フルクトース	180
プロパン	18
分子	12
分子間脱離反応	135
分子間力	45
分子軌道	46
分子式	62
分子内脱離反応	135
分子量	62
閉殻構造	33
ペット	171
ペプチド	181
ペプチド結合	181
ヘミアセタール	148
ベンゼン	58
ベンゼンスルホン酸	155
ベンゾニトリル	158
芳香族化合物	58,98
芳香族置換反応	154
飽和結合	52
飽和脂肪酸	179
ポリアセチレン	220
ポリエチレン	164,170
ポリペプチド	182
ポリマー	163

ホルムアルデヒド―107
ホルモン―185

マ行

マテリアルリサイクル―213
マルコニコフ則―130
マルトース―180
無極性―97
無水酢酸―142
無水フタル酸―142
命名法―80
メチル基―104
メタノール―106
メタン―18
メラミン樹脂―175
モノマー―163
モル―64

ヤ行

有機化学―15
有機化合物―15
有機合成―17
有機色素増感太陽電池―228
有機薄膜系太陽電池―228
有機物―15
油脂―178
陽イオン―34
陽子―31

ラ行

ラジカル―49, 70
ラジカル電子―49
立体異性体―75
立体反発―51

【著者略歴】

齋藤　勝裕（さいとう・かつひろ）

　1945年生まれ。東北大学大学院理学研究科博士課程修了、名古屋工業大学大学院工学研究科教授を経て、現在は名古屋市立大学特任教授。名古屋産業科学研究所上席研究員、理学博士。専門分野は有機化学、物理化学、光化学、超分子化学。

　著書に、「絶対わかる化学シリーズ」（講談社）現16冊、「わかる化学シリーズ」（東京化学同人）現10冊、「決定版やさしい化学シリーズ」（講談社）現3冊、「理系のための はじめて学ぶ化学シリーズ」（ナツメ社）現3冊、「ステップアップ大学の化学シリーズ」（裳華房）現3冊、「ここがポイントシリーズ」（三共出版）現2冊、『バイオ研究者が知っておきたい化学の必須知識』（羊土社）、『分子のはたらきがわかる10話』（岩波書店）、『気になる化学の基礎知識』（技術評論社）、『毒と薬の秘密』（ソフトバンククリエイティブ）、『よくわかる太陽電池』（日本実業出版社）、『美しい木目で作る彩木画』（日貿出版社）など多数。

　趣味はステンドグラス製作、彩木画（象嵌）製作、木彫、チェロ演奏、釣り、アルコール鑑賞。

カバーイラスト	● ゆずりはさとし
カバー・本文デザイン	● 下野剛（志岐デザイン事務所）
編集	● 株式会社エディット
DTP・本文イラスト	● 株式会社エディット／株式会社千里

ファーストブック

有機化学がわかる

2009年7月25日初版　　第1刷発行
2024年2月16日初版　　第5刷発行

著　者　　齋藤 勝裕
発行者　　片岡 巌
発行所　　株式会社技術評論社
　　　　　東京都新宿区市谷左内町 21-13
　　　　　電話　03-3513-6150 販売促進部
　　　　　　　　03-3267-2270 編集部
印刷/製本　日経印刷株式会社

定価はカバーに表示してあります。

本書の一部または全部を著作権法の定める範囲を越え、無断で複写、転載、複製、テープ化、ファイルに落とすことを禁じます。

©2009　齋藤 勝裕

造本には細心の注意を払っておりますが、万一、乱丁（ページの乱れ）や落丁（ページの抜け）がございましたら、小社販売促進部までお送りください。送料小社負担にてお取り替えいたします。

ISBN 978-4-7741-3891-6 C3043
Printed in Japan